PEOPLE ✓ FIRST

CARO(A) LEITOR(A),

Queremos saber sua opinião sobre nossos livros.
Após a leitura, siga-nos no
linkedin.com/company/editora-gente,
no **TikTok @editoragente** e no **Instagram @editoragente**
e visite-nos no **site www.editoragente.com.br**.
Cadastre-se e contribua com sugestões, críticas ou elogios.

MARCELO TOLEDO

PEOPLE FIRST

COMO SER UM LÍDER ESTRATÉGICO, TER UM TIME ENGAJADO E CONQUISTAR RESULTADOS EXPONENCIAIS

Diretora
Rosely Boschini

Gerente Editorial
Rosângela de Araujo Pinheiro Barbosa

Editora
Rafaella Carrilho

Assistente Editorial
Camila Gabarrão

Produção Gráfica
Leandro Kulaif

Preparação
Gleice Couto

Capa
Thiago de Barros

Projeto gráfico
Márcia Matos

Adaptação e Diagramação
Renata Zucchini

Revisão
Wélida Muniz
Bianca Maria Moreira

Impressão
Gráfica Plena Print

Copyright © 2024 by Marcelo Toledo
Todos os direitos desta edição
são reservados à Editora Gente.
R. Dep. Lacerda Franco, 300 – Pinheiros
São Paulo, SP – CEP 05418-000
Telefone: (11) 3670-2500
Site: www.editoragente.com.br
E-mail: gente@editoragente.com.br

Dados Internacionais de Catalogação na Publicação (CIP)
Angélica Ilacqua CRB-8/7057

Toledo, Marcelo
People first : como ser um líder estratégico, ter um time engajado e conquistar resultados exponenciais / Marcelo Toledo. - São Paulo : Editora Gente, 2024.
176 p.

ISBN 978-65-5544-523-7

1. Liderança 2. Desenvolvimento profissional I. Título

24-3440 CDD 658.3

Índices para catálogo sistemático:
1. Liderança

NOTA DA PUBLISHER

A gestão e a liderança não se resumem apenas a alcançar resultados; elas envolvem também cuidar das pessoas e da cultura organizacional. No entanto, muitos líderes, especialmente no Brasil, não estão suficientemente preparados para essas funções, o que pode prejudicar o desempenho das empresas. É por isso que encontrar um bom líder pode ser tão desafiador.

Atualmente, três fatores fundamentais devem estar em harmonia dentro de uma empresa: cultura, pessoas e gestão. Um líder inspirador precisa saber combinar esses elementos, impulsionando as pessoas a alcançarem seu melhor sem perder de vista os resultados organizacionais.

O modelo de gestão "People First" – que coloca as pessoas em primeiro lugar – tem se mostrado o mais eficaz para o desempenho empresarial. Isso porque o fator humano é o coração de uma empresa saudável, e reconhecer a humanidade – com todos os seus desafios e benefícios – nos colaboradores é essencial para promover um ambiente leve e saudável.

Marcelo Toledo, sempre comprometido com a educação empresarial, mostra como líderes podem enxergar e conduzir negócios de forma mais eficaz no Brasil. Neste livro, ele compartilha experiências e práticas que têm transformado a vida de lideranças de diversos setores, ajudando-as a melhorar competências e ajustar rotas quando necessário. Além disso, enfatiza a importância de manter uma cultura forte e coesa, crucial para enfrentar desafios diários e alcançar resultados sustentáveis.

Deixe-se guiar pelos conhecimentos e pelas experiências de Toledo e descubra como aplicar essas lições valiosas para alcançar o equilíbrio entre caos e ordem em seu negócio.

Boa leitura!

Rosely Boschini – CEO e Publisher da Editora Gente

SUMÁRIO

Introdução: Líderes podem ser uma potência de resultados........ 08

Capítulo 1: A dose certa entre caos e ordem.......................... 20

Capítulo 2: Líder por acidente... 36

Capítulo 3: O líder ideal... 50

Capítulo 4: Cultura forte.. 68

Capítulo 5: Pessoas certas nos lugares certos....................... 90

Capítulo 6: Modelo de gestão... 126

Capítulo 7: Hora de abrir portas e progredir......................... 156

Capítulo 8: Mudanças que decidem o futuro......................... 168

☑ Introdução

LÍDERES PODEM SER UMA POTÊNCIA DE RESULTADOS

O mundo corporativo é encadeado por lideranças, e, muito além de conhecer apenas a gestão do negócio, o líder, seja empreendedor ou gestor, precisa olhar além do horizonte visível. Precisa saber, antes de tudo, de *pessoas*. Na minha história, em muitos momentos, o fator *ser humano* teve de falar mais alto. Foi assim que construí a minha carreira e assim que criei parte dos pilares sobre os quais falaremos aqui.

Exatamente por isso, quero começar estas páginas contando um momento que separou a minha carreira entre antes e depois. Ainda muito novo, vivi um desafio muito importante, que não estava necessariamente relacionado à minha vida, mas mudaria – ou não – a vida de outra pessoa. E hoje tenho certeza de que tomei a decisão certa.

Em 2005, na Vex, empresa operadora de wi-fi, trabalhei com um jovem que nos ajudaria com a parte de instalação de *hotspots* quando ainda não existia 3G no Brasil. Era uma época em que o wi-fi estava crescendo, e colocávamos esses pontos de internet em empresas muito grandes, como McDonald's, Starbucks, aeroportos e hotéis. Assim a empresa viveu um crescimento exponencial, e, com ela, ele cresceu também. Começou como analista, depois virou gerente e, em pouquíssimo tempo, estava liderando um time de oitenta pessoas. Algo surreal para muitos.

Éramos uma equipe enorme, com muito trabalho e muita vontade de crescer. Tudo correu bem até que, em determinada manhã, ele não apareceu para trabalhar. Simplesmente deixou de ir. Ficamos preocupados, tentamos contato com a mãe dele. Sem resposta. Duas semanas depois, descobrimos que ele havia tido uma overdose. Tinha dependência em crack e foi internado por um ano inteiro. Imagine só o choque! Ele era competente, disciplinado, organizado. Jamais imaginávamos que tudo isso estava acontecendo na vida pessoal dele.

Um ano depois, para a minha surpresa, ele apareceu na empresa. Contou tudo o que havia acontecido, disse que eu fui a primeira pessoa que ele procurou depois da internação e que estava muito bem depois de passar pelo tratamento. No fim do nosso papo, ele me perguntou: "Marcelo, queria fazer uma pergunta para você. Você me dá mais uma chance?". Respondi que sim, com certeza daria uma chance a ele. Todos merecem uma nova chance. Ele voltou, então, ao dia a dia da empresa, e, confesso a você, fiquei com a pulga atrás da orelha, mas queria acreditar que tinha tomado a decisão correta como líder. Tudo correu muito bem até que, algum tempo depois, ele sumiu novamente.

Àquela altura, imaginava o que poderia ter acontecido. Perdemos contato por algumas semanas e depois descobrimos que ele tivera uma recaída seguida de um quadro muito grave de overdose, quase chegando a morrer. Passou mais de um ano na reabilitação, e, novamente, fui a primeira pessoa que ele procurou na empresa depois desse período. Fiquei chocado quando o encontrei, havia emagrecido muito, perdido massa muscular, estava bastante debilitado. Impressionante como a dependência o tinha mudado. Contou novamente os detalhes do processo, e foi uma conversa muito importante. Ele abriu o coração, e eu abri o meu também. No fim, ele me fez exatamente a mesma pergunta: "Marcelo, será que você me dá mais uma chance?".

Imagine como fiquei. Nunca tinha passado por qualquer situação semelhante àquela e não tinha a menor noção de qual decisão tomar. Se dissesse "sim" para o pedido dele, se tivesse falado que daria mais uma chance, estaria mostrando para a empresa inteira que tolerávamos esse tipo de comportamento, e isso poderia se transformar em cultura. O que, por sua vez, mudaria o comportamento das pessoas. Então, olhando por uma ótica pura de negócios, não seria bom. Por outro lado... Se eu dissesse "não", qual impacto traria para a vida dele? Como reagiria? E se cometesse uma loucura, será que eu conseguiria carregar isso para o resto da minha vida? Eram muitas perguntas.

Sem saber o que fazer, decidi seguir o meu coração. Disse que ele poderia voltar a trabalhar conosco, e, por um milagre, foi essa a oportunidade que o fez ajeitar a própria vida. Hoje, ele está superbem, casado, com dois filhos lindos, saudável e longe dessa loucura que é a droga. Gosto de acreditar que aquela única palavra, o "sim" que eu disse para ele naquele momento, o ajudou a reconstruir a própria história.

Essa situação foi um divisor de águas para mim porque entendi a importância do líder na vida dos liderados. Não existe essa coisa de separar a vida pessoal da profissional. A vida é uma só, e o líder precisa saber o que está acontecendo com as pessoas que estão ao redor. Ele precisa tratar os colaboradores como seres humanos, com ônus e bônus. São pessoas que viverão momentos de desafios e podem, sim, tomar decisões erradas. É verdade que líder e liderado têm de entregar resultados, mas existem muitas camadas para que isso aconteça, e elas não podem ser ignoradas.

Recebo incontáveis mensagens nas minhas redes sociais, de colaboradores reclamando de líderes, falando que são grosseiros e boicotam a carreira do time, mas a verdade é que a maioria das pessoas, principalmente aqui no Brasil, foi simplesmente jogada em uma posição de liderança. Talvez essa informação seja surpreendente para você, mas pesquisas mostram que 82% dos líderes não receberam nenhum tipo de treinamento para ocupar esse cargo.[1] Estamos muito mal preparados para assumir essa posição. Muitas pessoas não sabem como liderar. Já ouvi histórias absurdas, falando sobre aqueles que, ao chegar às posições mais altas, se consideram melhores do que os outros, perfeitos, e portanto não precisam mais receber feedbacks para evoluir. Será que isso é realmente liderança?

Se você é jogado em um cargo sem ser preparado para ele, existe uma enorme probabilidade de dar errado e de você tomar mais decisões inadequadas do que certas. É o que mais vejo por aí. As pessoas não fazem um bom trabalho nesses casos. Empreendedores, empresários, líderes e gestores não percebem que a falta de resultados, muitas vezes, tem como origem a falta desse preparo e dessa gestão adequada. O estado de platô chega, e a performance vai embora.

O empreendedorismo no Brasil muitas vezes é construído na raça. Esta é a realidade do brasileiro: ele empreende com a vontade e a coragem. Sem conhecimento, sem preparação, mas decide fazer mesmo assim. E às vezes dá certo. Só que, em determinado momento, não bastam mais vontade e coragem. É preciso estrutura, ou seja, método. Ele tem que aprender a se tornar um líder e um gestor.

---

[1] ROYLE, O. R. Nearly all bosses are 'accidental' with no formal training—and research shows it's leading 1 in 3 workers to quit. **Fortune**, 16 out. 2023. Disponível em: https://fortune.com/europe/2023/10/16/bosses-accidental-formal-training-workers-quit-cmi/. Acesso em: 12 jul. 2024.

> **Outro fator importante é que, uma vez que esse empreendedor entenda como o jogo precisa acontecer, de nada adiantará essa percepção se os outros líderes da companhia não estiverem em sincronia com ele. Ele até pode ter a visão diferenciada, mas não vai avançar se não olhar para o todo, se não olhar para o que é importante, assim como acontece no Princípio de Pareto, desenvolvido pelo economista italiano Vilfredo Pareto em 1896.**

Analisando as terras italianas, Pareto percebeu que a distribuição ali acontecia da seguinte maneira: 80% do espaço total de terras pertenciam a apenas 20% da população. Depois, olhando para o próprio jardim, dentro de casa, viu que 80% dos frutos que nasciam no pomar vinham de 20% das plantas que ele tinha. Em resumo, Pareto percebeu que existia uma distribuição de potências entre duas quantidades, sejam elas quais forem, de 80% e 20%.[2]

Entender esse princípio é fundamental para olhar o que realmente importa e o que dá resultado em uma empresa. Se tantas pessoas não foram preparadas para serem líderes e as lideranças no mercado representam aproximadamente 14% do quadro total de funcionários, a partir da minha experiência, teremos menos do que 20% para cuidarmos e mudarmos a dinâmica de trabalho. Se 20% desse quadro representarem 80% dos resultados, ao não cuidarmos dessas pessoas, assinaremos a própria carta de decadência. Quando preparamos a liderança para saber o que precisa ser feito

---

[2] LAOYAN, S. Entendendo o princípio de Pareto (a regra 80/20). **Asana**, 5 mar. 2024. Disponível em: https://asana.com/pt/resources/pareto-principle-80-20-rule. Acesso em: 12 jul. 2024.

nessa posição, ela passa a trazer resultados e as coisas começam a acontecer. Os 80% dos resultados concretos aparecem.

Por isso, se você, empreendedor, gestor ou líder, está se sentindo completamente perdido, saiba que existe um caminho. Se a sua empresa parou de crescer, parou de trazer o faturamento que você esperava, ou se você não tem tempo para nada, se sente afundado no operacional e não consegue atuar de modo estratégico, existe um método para você mudar isso. Essa é a estrutura que apresentarei aqui. Mas, antes, existem pontos sobre os quais precisamos conversar: o porquê disso tudo é o que veremos ao longo desta jornada.

UMA ASSINATURA EXCLUSIVA

Sempre apaixonado por esportes, fui atleta profissional. Era nadador e competi ao lado de grandes nomes, como Gustavo Borges e Fernando Scherer. Participer de vários campeonatos, nacionais e internacionais, e ganhei alguns. O esporte exige disciplina e alta performance, e essa busca foi muito importante para mim, porque moldou a minha vida. Até hoje, considero que tenho uma cabeça de atleta e sei que a preparação é fundamental para ter resultados.

Em 1999, precisei me mudar para Salvador (BA) e comecei a trabalhar na cidade. Primeiro, em uma empresa de provedores de internet. Depois de algum tempo, quando já sabia que queria ter o meu próprio negócio, participei da construção de um comércio de eletrônicos e, na sequência, acabei voltando para São Paulo. Foi aqui que a minha carreira deslanchou. Fui convidado para ser Chief Technology Officer (CTO), ou diretor de tecnologia, da Vex, empresa sobre a qual falei no início desta introdução. Era uma empresa pequena com potencial de crescimento; depois de quase quebrar, ela tomou o Brasil inteiro e foi para o mundo.

Aprendi muito trabalhando nesse ecossistema. A Vex foi uma catapulta para o meu crescimento porque tive de correr atrás da minha falta de conhecimento sobre o universo dos negócios. Trabalhava falando três idiomas, precisava liderar uma equipe enorme e fazer acontecer. Existia uma pressão muito grande para a entrega de resultados, então sempre flertei com tudo o que havia aprendido com o esporte.

Depois da Vex, abri outros negócios, montei uma empresa de pagamentos chamada Payleven, fui CTO da área de inovação da Oi, depois sócio e diretor do Nubank. Mais recentemente, em 2019, fundei a Klivo, uma healthtech. Paralelamente a isso, sempre produzi conteúdo e gostei muito de escrever, o que me fez, em 2013, lançar o livro *Dono: um caminho revolucionário para o sucesso da sua empresa*.[3] Um material poderoso com 348 páginas que contam a minha experiência como dono e como é possível atingir resultados a partir disso. Além de tudo isso, sou mentor do G4 Educação e fundador – e apresentador – do podcast *Excepcionais*, no qual converso com executivos, cientistas, atletas, autores e pessoas excepcionais que fazem a diferença no ecossistema em que estão inseridas.

Já dei palestras para públicos com mais de 10 mil pessoas, como aconteceu no RD Summit e no G4 Valley, e já treinei mais de 15 mil pessoas em todos esses anos. Em síntese, estou há mais de vinte e seis anos vivendo e respirando gestão, liderança, empreendedorismo, performance e disciplina. Essa é a minha vida, e é justamente por esse motivo que eu e você estamos aqui. Quero que a sua liderança

---

[3] TOLEDO, M. **Dono**: um caminho revolucionário para o sucesso da sua empresa. Rio de Janeiro: Alta Books, 2013.

se transforme em uma *potência de resultados*, pois só assim a sua cultura empresarial virará uma *assinatura exclusiva*. Quero mostrar para você que, aos poucos, fui construindo os meus resultados a partir de pilares importantes que se transformaram neste livro.

Assim, falaremos aqui sobre três fatores fundamentais que devem estar em sintonia para o negócio funcionar (e ter resultados!). São eles: cultura, pessoas e gestão. Em primeiro lugar, é preciso ter uma cultura forte que funcionará como o alicerce sobre o qual a sua organização se erguerá. Cultura é o que se vive. Então, assim como se desenvolver maus hábitos de alimentação você engordará, se desenvolver maus hábitos na sua empresa você não prosperará. Por isso a cultura é tão importante. É preciso entender de cultura empresarial, cultura do time e como resetar o que você construiu de modo errado para ter uma nova empresa, agora colaborativa e alinhada.

Depois, ao falarmos sobre pessoas, mostrarei que de nada adianta ter bons colaboradores se você não está colocando as pessoas certas nos lugares certos. Questionaremos tudo e todos. Do mesmo modo que lavamos uma escada, começaremos de cima para baixo. Falaremos sobre controle, organização do time, prospecção de talentos, entrevistas e muito mais.

Por fim, abordarei o pilar da gestão, que é diferente de liderança. Liderança é ter uma visão e inspirar as pessoas em busca dela. Além da liderança, precisamos encontrar um método para gerir e acompanhar tudo o que estamos fazendo. É sobre isto que falaremos: como criar um modelo de gestão, entender processos, sistemas, rituais e indicadores para impulsionar o negócio.

É bem provável que a estratégia que você tem usado até agora não esteja orientada aos resultados da maneira correta. É possível que ela seja muito mais complexa do que realmente precisa. E isso não está gerando escala no empreendimento. Foi percebendo essa lacuna – que aparecia, inclusive, na minha gestão – que transformei o que eu sabia em um método aplicável para as pessoas. Olhei para o que acontecia, como conseguia resolver, e assim criei essa tríade que já ajudou tantas empresas e pessoas. Com ela, tenho certeza de que você tomará decisões muito mais acertadas e com mais confiança.

Por isso, quero que você vire a próxima página sabendo que está no lugar certo para mudar o jogo. Quero que você devore este livro e o feche com a certeza de que tem as ferramentas certas para crescer e escalar. Quero que não hesite, nem por um segundo, em aplicar o que aprenderá aqui. Minha pretensão não é apenas passar pela sua vida, mas deixar a minha marca para que você se lembre, por muitos anos, que foi o que aprendeu aqui que fez diferença.

> Acredito muito na dualidade de competência do líder, isto é, uma versão de si voltada para os resultados e uma versão voltada para as pessoas. Não dá para abrir mão dos resultados. Jamais. Nem dá para abrir mão das *people skills*, ou desse lado humano que comentei anteriormente. Tenho como lema de vida que o amor sempre vence, e levo isso para todas as minhas palestras, mentorias e treinamentos. Levo para o que ensino sobre liderança. Vivo essa verdade na essência e quero passá-la para você.

Como líderes, somos responsáveis pelos resultados e pela transformação das pessoas. A verdade, contudo, é que esse resultado não pode ser entregue a qualquer custo. É possível, sim, ter uma empresa de alta performance que entrega tudo e que tem um ambiente corporativo feliz, em que todos se tratam bem. É um mito que precisamos ter agressividade e caos no negócio para ele prosperar e crescer rápido. Eu não acredito nisso e vou lhe mostrar como alcançar seus objetivos a partir desses três pilares.

Proporcionar e estar em um ambiente incrível – para mim, para as pessoas, para todos os que estão perto – é algo que valorizo muito. Esse será um dos pilares da nossa jornada, e você verá que esse assunto perpassará por todas as páginas. Então, chegou a hora de você dar, possivelmente, o seu passo mais importante: decidir mudar e construir o negócio com que sempre sonhou. Está pronto? Eu estou! E espero ver você na próxima página. Até lá!

É POSSÍVEL, SIM, TER UMA EMPRESA DE ALTA PERFORMANCE QUE ENTREGA TUDO E QUE TEM UM AMBIENTE CORPORATIVO FELIZ, EM QUE TODOS SE TRATAM BEM.

@marcelotoledo

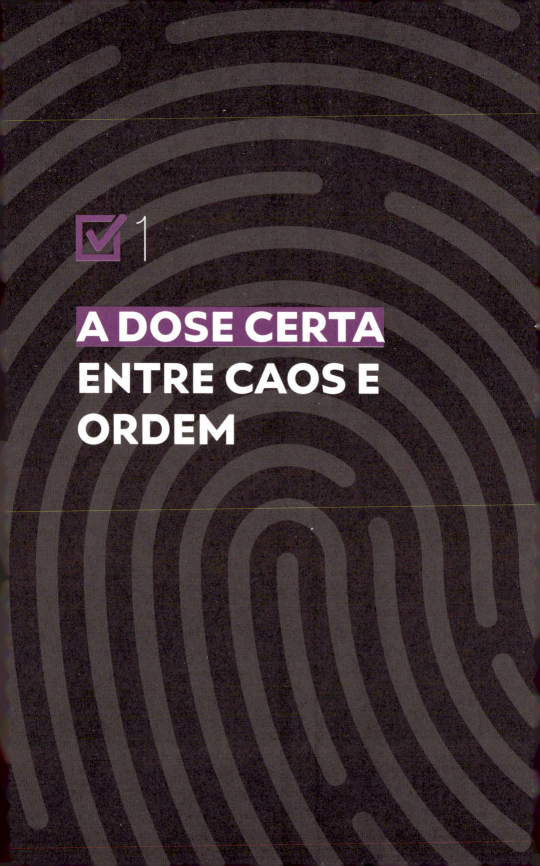

1

A DOSE CERTA ENTRE CAOS E ORDEM

Há alguns anos, quando já era mentor e professor, especialista em lideranças, fui convidado pelo G4 Educação para mentorar, todos os meses, o curso Flagship, o mais importante da plataforma e direcionado a cinquenta CEOs e C-levels; comecei com uma turma por mês e, depois, tive duas turmas mensais. Em seguida, me convidaram para ajudar a conceber o G4 Traction, cujo objetivo é levar ferramentas e metodologias aplicáveis para gestores de pequenas e médias empresas. Hoje, inclusive, temos aproximadamente 150 pessoas por turma e é o curso mais bem-sucedido. Além dessas iniciativas, tenho também um curso on-line chamado Fundamentos da Liderança, que é o mais assistido. Apesar de ter tanta experiência e muitos anos trabalhando nesse segmento, fiquei muito nervoso nas primeiras turmas.

Imagine só: eu, com mais ou menos vinte e dois anos de vivência no mercado, trabalhando nas trincheiras da gestão e liderança de empresas, precisei, em determinado momento, ensinar a empresários dos mais variados segmentos do Brasil como é possível fazer diferente nos negócios. Confesso que tinha dúvidas se realmente poderia ajudar as pessoas, mas, depois dos primeiros desafios, tive certeza de que sim. Por isso digo que foram muitas experiências e pessoas diferentes.

Tive contato com os mais variados perfis empresariais brasileiros. Conversei com empresários de todos os segmentos que você pode imaginar, desde aqueles que ainda estão no começo do negócio até os que já estão faturando os primeiros milhões ou bilhões por ano. Conheci pessoas da indústria, do varejo, de negócios digitais, e-commerce, marca própria, farmacêutica – a lista é interminável. Caso você esteja pensando em um segmento diferente dos que mencionei, ou se o seu próprio negócio, ou aquele em que trabalha, pertence a outro grupo, é bem provável que alguém desse setor tenha passado por algum dos meus cursos e mentorias.

Dito isso, vale apresentar uma verdade inquestionável: os padrões se repetem. E muito! Ao olhar para o perfil do empreendedor brasileiro, posso afirmar com quase 100% de certeza que ele nasceu "na raça". Esse empreendedor teve uma ideia, enxergou uma oportunidade, e a proposta era boa. Tinha mercado. Encontrou um lugar entre os concorrentes e conseguiu fazer dar certo. Assim, o negócio começou a crescer.

É bem provável que, em um primeiro momento, ele trabalhasse sozinho. Para muitos empreendedores, o início do negócio é solitário. É você com você mesmo dando conta de tudo e fazendo acontecer. No entanto, depois de algum tempo – e algum sucesso! –, é preciso contratar pessoas. A demanda cresce, o empreendedor já não dá mais conta e precisa de outros cérebros para alavancar o negócio. Aqui, de fato, a empresa começa a nascer. Até porque uma empresa nada mais é do que a composição de várias pessoas trabalhando com um único objetivo. Portanto, posso afirmar também que é aqui que a realidade começa a aparecer.

Como o negócio costuma nascer no operacional, quando precisa de colaboradores novos, o empresário contrata pessoas operacionais, pensando nessa demanda, na necessidade pura e simples de execução. Em nosso país, é muito difícil encontrar algo que tenha nascido no campo estratégico, pois precisa existir alguém que vai executar as tarefas. Então, ao operar vendendo um produto ou serviço, essa entrega tem de acontecer.

Pensando em um e-commerce, por exemplo, precisa existir alguém que vai pegar esse pedido, separar, colocar o produto na embalagem, empacotar, possivelmente fazer uma cartinha bonita e levar aos correios para que chegue ao cliente. Em uma empresa de serviços, existe todo o processo de atendimento, agendamento (se necessário), organização e entregas. À medida que os pedidos ou as demandas de serviços vão aumentando, o time precisa aumentar.

Agora, vamos imaginar a lógica da hierarquia dentro da empresa. Ter uma pessoa abaixo de você é razoavelmente tranquilo. Duas, três ou sete ainda é possível. Mas até quando dá para aguentar seguindo a lógica apenas do operacional? Com sete pessoas abaixo na hierarquia, em geral já é o momento no qual o empreendedor começa a se perguntar: será que não chegou a hora de procurar um líder? Será que não deveria começar a dividir as tarefas aqui dentro?

A partir dessas reflexões, muitos acabam contratando um líder, mas o fazem sem executar o processo da maneira adequada. A entrevista é insuficiente, e as capacidades técnicas e comportamentais na maioria das vezes deixam a desejar pelo simples fato de que esse empreendedor não sabe como fazer isso, ele apenas está seguindo o próprio feeling de como deve ser. É possível até que encontre uma pessoa do mercado e pague mais do que deveria, achando que um salário mais alto resolve o problema.

Assim que o profissional contratado chega ao time, o empreendedor percebe que não é tudo aquilo que tinha imaginado, e o problema não está resolvido. Muito pelo contrário, agora existem duas camadas de problemas: os que já existiam e um novo, com uma pessoa que não entregará o necessário para que o negócio cresça. O pensamento constante é: *Caramba, a empresa está crescendo, as coisas estão acontecendo... então por que tudo precisa ser tão complicado?* O resultado é a frustração. A sobrecarga.

Você se sente assim? Esse é um dos cenários mais comuns, e já escutei sobre essas situações inúmeras vezes. Em muitas ocasiões, a situação se sustenta por anos. Às vezes cinco, dez, quinze, vinte anos. Sob outro viés, essa lógica pode sofrer variações, passando por cenários em que isso se repete em empresas e equipes com quinze, vinte, trinta, cem ou duzentos e cinquenta funcionários. Ou seja, podemos mudar os números, mudar os detalhes, mas o problema é sempre o mesmo: esse empreendedor cresceu de modo desordenado.

Por mais que as pessoas que estejam ali sejam muito leais, muitas vezes até mesmo tendo iniciado o negócio ao lado do fundador, são pessoas que não cresceram além da empresa. Pelo contrário, a empresa cresceu mais do que elas, e, infelizmente, elas podem ter ficado para trás. É um cenário em que possivelmente ficaram escassos os profissionais que trazem valor para o negócio. Ou até existem, mas são poucos. E talvez estejam no lugar errado, na posição errada. Assim os problemas se perpetuam.

Quer uma maneira simples de diagnosticar como anda o negócio? Qualquer área na sua empresa que possui demanda e mercado, mas não está funcionando como deveria e está com problemas, gera um resultado que não abre espaço para dúvidas: isso está acontecendo porque ali existe um líder fraco. Sem meias-palavras, sem florear o assunto. Essa é a verdade.

O líder, quando é bom, apresenta trinta soluções para um problema. Quando é ruim, apresenta trinta desculpas. O líder bom é consistente, entrega isso no dia a dia. Já o líder ruim traz mais problemas para você do que soluções, não entrega o que é preciso. Essa é a diferença entre uma liderança efetiva ou não.

Analisando tantas empresas em meus cursos e mentorias, percebi que os problemas delas estão diretamente relacionados à composição de pessoas, o que engloba a cultura e a gestão do negócio. Tudo isso porque a empresa começa sendo operacional. Logo, as pessoas que deveriam estar crescendo são aquelas que só sabem lidar com o operacional. Esse líder cresce internamente, com novos cargos e novas posições, mas não será uma boa liderança porque não foi preparado para isso, do mesmo modo que eu também não fui e o empreendedor brasileiro também não foi.

Aqui, ao contar isso para você, estou contando também a minha história, o que vivi. Até ter consciência e descobrir que existia um caminho, foi um processo longo e demorado. Vejo incontáveis empresários e líderes que vivem no operacional, que não conseguem sair dessa dinâmica de apagar incêndios e resolver urgências. Até porque a empresa depende deles, não é mesmo?! Depende deles para vender, entregar e administrar o negócio. Aqui está o erro crasso.

Se o empresário ou líder vive no operacional, a pergunta que fica é: quem está planejando estrategicamente o negócio? Quem está pensando nos riscos desse negócio caso ele não cresça? Quem está pensando em como ele pode dominar o mercado? Como pode crescer, dobrar de tamanho? Quem está por trás do pensamento estratégico? Ninguém.

Usualmente, a empresa não para de crescer. Se parar, isso se transforma em um problema. Mas, em geral, ela cresce devagar, ou acaba estagnada em um ponto específico, do qual não consegue sair. Para o empreendedor ou líder, isso é até bom, porque o estado de platô dá a ele a chance de organizar a casa. Por outro lado, é muito ruim, porque a empresa brasileira sofre com um cenário constante de inflação muito alta e carga tributária estratosférica.

É perigoso parar de crescer. Mas crescer de modo desordenado também não é vantajoso. Costumo falar que uma empresa sempre flertará com o *caos* e a *ordem*. E esse é um conceito muito importante.

Embora o *caos* seja um indicador fundamental para o dono do negócio, ele deve aparecer apenas na dose certa, ou seja, aquela em que você o utiliza para manter as pessoas estimuladas e desafiadas. A dose errada acontece quando o nível está tão alto que a motivação vira frustração e sobrecarga. Gera risco para o negócio: de perder os clientes, ter a reputação prejudicada, perder funcionários importantes, ter a cultura desviada e assim por diante. Esses problemas representam a dose errada de caos.

Já a *ordem*, por outro lado, é a estrutura do negócio, a organização, a aplicação dos pilares de crescimento na medida certa, que são aqueles de que falaremos mais adiante nos Capítulos 4, 5 e 6. Para ter ordem no negócio, é preciso pensar em pessoas, cultura e gestão, em processos e tecnologia, em produtividade e alta performance, em automatização e compromisso com o futuro. Entretanto, a ordem em excesso é ruim, pois significa que a empresa está muito chata e burocrática, há muitas etapas desnecessárias nos processos. Não é ágil.

Assim, todas as vezes que estivermos muito próximos do extremo caos, precisamos andar em direção à intersecção dessa lógica, que é um lugar que costumo chamar de caórdico. Do mesmo modo, se estivermos muito próximos da ordem absoluta, devemos buscar a intersecção caórdica entre os extremos. Em outras palavras, temos de estar no meio desses conceitos, no ponto caórdico, para que possamos crescer de tamanho com ordem, estimulados e desafiados. Percebe qual é a lógica aqui?

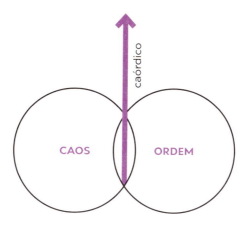

Ordem em excesso é ruim porque falta "tempero" para que o negócio cresça. Falta estímulo e vontade. Mas o caos em excesso também é ruim, porque isso significa que o mercado está me mandando uma mensagem de que não consigo acompanhar a velocidade dele por causa da minha estrutura. Portanto, preciso melhorar a estrutura. E se você está seguindo a linha de raciocínio até aqui, já sabe que estrutura é ordem, isto é, o mercado está me pedindo para seguir em direção à intersecção.

Encontrar esse equilíbrio é desafiador, mas essencial para todo negócio que quer crescer. Aqui falaremos sobre os pilares que compõem a ordem do negócio, mas sempre buscando entender como flertar com o caos para que o crescimento aconteça.

A realidade, contudo, é que o empresário não sabe disso. E vive um sufoco diário, procurando soluções para se manter nessa intersecção. Muitos vivem em uma prisão e acabam se transformando em reféns do empreendimento. Estão presos em um ciclo infinito de resolver problemas diários sem olhar para o lado estratégico que trará efetivamente os resultados. Passam o dia todo com funcionários entrando e saindo da sala, trazendo problemas que precisam ser resolvidos para ontem.

Sacrificam a saúde, a vida familiar e muitas vezes o próprio negócio. Precisam desistir do próprio sonho! Esse empreendedor sabe que a empresa sustenta a família dele e a família de muitas outras pessoas, mas ele não aguenta mais essa situação e não sabe como sair desse buraco.

O dia a dia dele é pautado no operacional. No fim das contas, o negócio, que deveria estar sendo comandado pelo empreendedor, CEO, gestor ou líder, está sendo comandado pelos problemas. Isso acontece porque a agenda é o ponto mais importante dessa liderança, e ela está circulando em torno do operacional, e não do estratégico.

É claro que aqui estamos falando de um cenário generalizado, mas ele é muito representativo na vida da maioria dos empreendedores e líderes. Existem aqueles que estão um pouco menos nessa situação, mas também aqueles que estão ainda mais atolados nesse ciclo de problemas e urgências. Para mostrar melhor esses fatores e as respectivas consequências, quero apresentar alguns dados importantes.

O Instituto Brasileiro de Geografia e Estatística (IBGE) constatou, em uma pesquisa chamada Demografia das Empresas e Estatísticas de Empreendedorismo, que cerca de uma em cada cinco empresas fecha as portas em menos de um ano de operação, e mais de 70% encerram as atividades em até dez anos.[4] Sobre alguns dos motivos pelos quais isso acontece, segundo dados do Serviço Brasileiro de Apoio às Micro e Pequenas Empresas (Sebrae), temos os que aparecem em maior proporção: "menor conhecimento/

---

[4] SARAIVA, A. Maioria das empresas no país não dura 10 anos, e 1 de 5 fecha após 1 ano. **Valor Econômico**, 22 out. 2020. Disponível em: https://valor.globo.com/brasil/noticia/2020/10/22/maioria-das-empresas-no-pais-nao-dura-10-anos-e-1-de-5-fecha-apos-1-ano.ghtml. Acesso em: 8 abr. 2024.

experiência anterior no ramo", "maior proporção de quem abriu por necessidade", "tinham menos iniciativa em aperfeiçoar o negócio" e "fizeram menos esforços de capacitação".[5]

Além disso, apesar de os microempreendedores individuais (MEIs) sofrerem mais, com 29% fechando antes dos cinco anos de operação, as microempresas (MEs) têm taxa de 21,6%, o que com certeza pode ser visto como um percentual alarmante para o cenário do empreendedorismo. Os motivos passam por pouco preparo pessoal, planejamento e gestão do negócio deficiente e problemas externos ao negócio.[6]

Por fim, apesar de termos a ótima notícia de que até agosto de 2023 mais de 2,7 milhões de novas empresas foram abertas, o IBGE apontou que 48% desses negócios vão fechar em até um ano, passando por reclamação de altos impostos e falta de gestão eficiente para que o negócio dê certo.[7]

Gestão e capacitação estão presentes em todos os dados. O empreendedor ou líder está cansado, sem saber o que precisa ser feito, e o resultado é inegável: muitas empresas fechando, empregos sendo perdidos e oportunidades indo embora. Arrisco dizer,

---

[5] A TAXA de sobrevivência das empresas no Brasil. **Sebrae,** 27 jan. 2023. Disponível em: https://sebrae.com.br/sites/PortalSebrae/artigos/a-taxa-de-sobrevivencia-das-empresas-no-brasil,d5147a3a415f5810VgnVCM1000001b00320aRCRD. Acesso em: 9 abr. 2024.

[6] A TAXA de sobrevivência das empresas no Brasil. *Ibidem.*

[7] PARTNERS, V. A falta de gestão eficiente é o segundo maior motivo para o fechamento de empresas no Brasil. **G1**, 30 out. 2023. Disponível em: https://g1.globo.com/pr/parana/especial-publicitario/vsh-partners/empreendedorismo-do-valuation-ao-mea/noticia/2023/10/30/a-falta-de-gestao-eficiente-e-o-segundo-maior-motivo-para-o-fechamento-de-empresas-no-brasil.ghtml. Acesso em: 10 abr. 2024.

inclusive, que o empreendedor vive muitos outros problemas, como dificuldades com a implementação de uma cultura forte, problemas com pessoas, operações, dificuldades com sócios, inadimplência e questões como times desestimulados, falta de indicadores e de tecnologia.

Sem contar algumas adversidades relacionadas à falta de autoconhecimento, mentalidade inadequada e desatualização dos modelos de negócio. É difícil admitir, mas a verdade é que o tempo passa e temos de nos atualizar. Infelizmente, as empresas ficam velhas, bem como os modelos de negócio. Todos os dias, é preciso pensar em como você pode manter o seu negócio para não ficar para trás. Para não ficar no estado de platô. Até porque quem não cresce sofre, e é isso que queremos evitar.

Olhando para essas estatísticas, portanto, vejo o empreendedor brasileiro como um *herói*. Aquele que consegue empreender, fazer o negócio crescer apesar das adversidades e se manter em pé nos primeiros dez anos é um vencedor. Com suor e sufoco, é claro, mas um feito que aponta para algo acima da média. E você, ao segurar este livro, está ainda mais no topo das estatísticas, porque busca conhecimento para melhorar ainda mais o que tem hoje. Está buscando a intersecção entre o caos e a ordem. Está buscando manter-se no estágio caórdico do negócio.

Em resumo e retomando o que comentei no início, normalmente contratar um CEO não será a solução, principalmente se você não entender *como* deve fazer isso. Preparar-se para tudo o que vier, sim, é algo que traz resultados expressivos; adquirir conhecimento, entender o que precisa ser feito e executar o que aprenderá aqui.

Você é um meio de transformação na vida das pessoas e deve se preparar adequadamente para tudo o que pode acontecer. É preciso ser o dono da visão, olhar para o futuro. Ter estratégia. Isso fará você ficar ainda mais dentro das estatísticas positivas. Mas, para tanto, existe um compromisso que tem de ser firmado.

NÃO DECIDIR É A PIOR DECISÃO QUE VOCÊ PODE TOMAR

Para não ficar para trás, muitas vezes precisamos tomar decisões difíceis, e o preço de não decidir pode ser mais alto do que você está imaginando. Essa atitude até pode gerar um desconforto agora, mas pode também trazer a liberdade e o crescimento que você tanto quer, assim como aconteceu com um dos meus alunos algum tempo atrás.

Ele e o irmão eram sócios e tinham um negócio em família, mas enquanto ele trabalhava quase dezoito horas por dia, de domingo a domingo, o irmão trabalhava seis horas por dia, chegando tarde e saindo mais cedo todo dia. E assim a vida seguia. Por mais que pareça que esse tipo de situação não incomoda, isso não é verdade. Afinal, em uma sociedade, geralmente as decisões são tomadas em conjunto, o que acaba atrasando a evolução da empresa.

Essa situação se estendeu no primeiro ano. Depois, no segundo e no terceiro. Cansado, o meu aluno decidiu tomar uma atitude. Chamou o irmão para um papo e fez uma proposta: "E se eu pagasse o dobro do seu salário para você ficar em casa e passar a gestão completa da empresa para mim?". O irmão adorou a ideia e aceitou na mesma hora. Assim, depois de três anos sofrendo, ele estava livre para tomar as decisões que gostaria e colocar em prática as próprias ideias.

A surpresa, contudo, é que depois do primeiro ano tocando a gestão sozinho, o negócio dobrou de tamanho, apresentando um lucro muito maior do que tinha antes. Esse foi o preço da decisão que ele demorou três anos para tomar, e muitas das decisões prorrogadas têm um preço maior do que imaginamos.

Muitas vezes, sabemos que existe um problema e sabemos que a decisão que precisaremos tomar é muito complicada. O que fazemos? Prorrogamos. Como a decisão é desacoplada da ação, travamos na hora de decidir. Assim, o meu objetivo aqui é mostrar que possivelmente você está deixando de lado decisões que fariam toda a diferença no que está construindo.

> **Sei que não é fácil. Postergamos atitudes pelo medo do desconhecido, por não saber o que acontecerá. Mas é justamente o oposto que faz um bom empresário e um bom líder. Ao tomar decisões difíceis, ele está enfrentando as situações.**

Por isso, separei o fechamento deste capítulo para falar sobre o preço das decisões não tomadas. Essa falta de atitude não pode mais continuar. A partir daqui, estamos firmando um compromisso de que algumas decisões e mudanças serão estratégicas e necessárias.

Já chega de ter pessoas ruins ao seu lado. Chega de ter pessoas boas em lugares errados, de não cuidar da cultura para que ela seja forte e a sua marca registrada. Precisamos dizer um basta para a falta de gestão adequada. Pessoas devem ter autonomia, não podemos mais tolerar quem faz o mínimo e testa os nossos limites sempre para baixo.

Não dá para seguir com um negócio que só funciona quando você está por perto. Basta de estar em um território em que a preguiça impera e os problemas comandam. Você quer ao seu lado quem agrega, quem faz diferença, quem apresenta soluções e traz boas ideias. Você quer alguém que esteja dentro da cultura e entregue resultados. Esses são os pilares esperados do bom profissional.

Chega de colocar a culpa no universo para o que está dando errado e contribuindo com as estatísticas que vimos. Existe algo que deveria estar sendo feito e não está. Mas você está no caminho certo. Aqui estão todas as respostas que você busca, e falaremos sobre cada uma delas no momento adequado.

Quando empreendi e fui líder, precisei desbravar o universo dos negócios sem a quantidade de informações que temos hoje na internet e nos livros. O meu trabalho foi muito árduo nesse sentido. Apesar de ter a mentalidade de atleta e sempre encarar os problemas com uma visão de oportunidade, isso não fez com que o caminho fosse fácil. Errei muito, mas também acertei demais. Foram incontáveis noites mal dormidas, sofrendo, preocupado e sem saber como agir. A cada novo dia, uma nova experiência, uma nova possibilidade de fazer diferente, sempre aprendendo e me aprimorando. Hoje, tenho muita clareza de como se constrói um negócio de sucesso. Sei os potenciais problemas, como não cair nas arapucas nem cometer erros por vaidade.

O seu caminho, por outro lado, é mais simples. Você tem todas as ferramentas na mão, só precisa aprender como utilizá-las e colocar em prática. Para isso, você tem de estar obcecado pelos resultados, porque mesmo quando o negócio precisa levantar capital para funcionar e esse capital é alto, o dinheiro uma hora acaba. E os resultados concretos precisam estar dentro de casa.

É loucura continuar fazendo exatamente as mesmas coisas, os mesmos experimentos, e esperar resultados diferentes. Se permanecer com as mesmas ações, pensando do mesmo jeito, tendo as mesmas sensações e os mesmos hábitos, com certeza continuará no lugar em que está hoje. Então, chega de tomar as mesmas atitudes e esperar algo melhor. De caminhar apenas na ordem ou apenas no caos. Agora você buscará o estado caórdico do negócio a partir das ferramentas adequadas. E assim deixará de fazer parte das estatísticas negativas que vemos por aí.

Mas como é possível mudar? Aprendendo. Estudando, conhecendo novas ferramentas, entendendo que você precisa ter novos hábitos. A educação traz progresso para a sua jornada. À medida que mudar a sua maneira de pensar, você construirá novas redes neurais que o farão se sentir diferente e, consequentemente, realizar ainda mais coisas diferentes. Ao fazer coisas novas, novos resultados surgirão. E garanto: essa estratégia pode ser surpreendente.

PESSOAS DEVEM
TER AUTONOMIA,
NÃO PODEMOS
MAIS TOLERAR
QUEM FAZ
O MÍNIMO E TESTA
OS NOSSOS
LIMITES SEMPRE
PARA BAIXO.

@marcelotoledo

☑ 2

LÍDER POR
ACIDENTE

Quanto você se sente preparado como líder para estar à frente das decisões mais importantes da empresa? Quantos treinamentos você fez para que pudesse ocupar a sua posição hoje? Caso você seja o dono da organização, quanto investiu em seu próprio desenvolvimento? Quantos cursos e materiais com informações de qualidade você tem disponibilizado para os seus líderes?

Inicio este capítulo com essas perguntas porque acredito que não dá para falarmos dos pilares que impulsionam o negócio sem falarmos de alguns dos erros mais comuns dentro das organizações. Não podemos discutir crescimento sem considerar a preparação necessária. Na maior parte das vezes, não fomos preparados para assumir posições de liderança, seja como empresário, seja como gestor. Essa falta de preparo está no topo da lista dos motivos pelos quais os negócios não conseguem crescer, e os impactos disso são incalculáveis.

Uma liderança despreparada toma decisões ruins diariamente, afetando não apenas a equipe, mas também toda a organização, uma vez que deixa de entregar os resultados esperados, não bate metas e não encontra soluções inteligentes para os problemas do dia a dia. No fim, a empresa, que deveria estar crescendo e prosperando, vive no platô e não sai do lugar.

Mas, pensando sobre como tudo isso começa, arrisco dizer que os primeiros erros são cometidos na contratação, refletindo profissionais que não foram contratados adequadamente e não estão preparados para o cargo que ocuparão. Depois, temos as pessoas que crescem internamente sem nenhum tipo de treinamento ou instrução com foco no objetivo principal do negócio.

No quesito contratação, existe uma diferença gritante entre o processo das pequenas e médias empresas para as grandes corporações. Por que será que ficamos com a sensação de que as empresas grandes contratam melhor? Em geral, porque elas já entenderam que a contratação é uma etapa fundamental.

Lembro-me da época em que trabalhei no Nubank e como fiquei impressionado com o processo de contratação de lá. Para uma vaga, mais de cem entrevistas eram realizadas, isso sem contar as inúmeras etapas do processo seletivo. Não só as habilidades técnicas eram testadas, mas também as comportamentais e a integração com a equipe. Assim, o que parecia excesso de burocracia em um primeiro momento na verdade era estrutura e estratégia para otimizar tempo e ter as pessoas certas nos lugares certos.

Por outro lado, no cenário habitual de tantas outras empresas brasileiras, vemos que o critério mais importante na hora da contratação é a *velocidade*. Quando existe uma vaga, é preciso encontrar uma pessoa o mais rápido possível, o que acaba influenciando negativamente todo o processo. E, para piorar, em geral essa missão é delegada ao departamento de recursos humanos (RH).

Isso sem contar quando a posição é preenchida pelo círculo de proximidade do líder, outra grande cilada no universo corporativo. Não é incomum empresários buscarem familiares como pai, mãe, tio, tia, primo ou então amigos próximos para a operação.

Essa necessidade surge, principalmente, porque se busca *confiança* como pré-requisito para a vaga. Se existe confiança, imaginam, a parte técnica é treinável. Mas não é bem assim que funciona. Contratar alguém do círculo de proximidade talvez até dê certo, mas também pode dar muito errado e gerar prejuízos irreparáveis – para a empresa e para a relação interpessoal. Por isso existe a máxima: não se contrata quem você não pode (ou teria muita dificuldade de) demitir.

Outro ponto é que mesmo em contratações mais estruturadas, com processos mais longos e analíticos, normalmente o empreendedor não faz isso tão bem-feito porque sempre procura "o menos pior". E esse perfil, estatisticamente falando, é de uma pessoa muito fraca para o time e para as expectativas de resultados existentes.

Assim, novas pessoas entram para o time, porém elas não são tecnicamente boas porque não foram contratadas de modo adequado. E aqui temos dois cenários: (1) o líder que foi contratado para ocupar essa posição; e (2) o colaborador que cresceu internamente até chegar ao cargo de liderança.

Em geral, para um ou outro caso, são pessoas que continuam no operacional, uma vez que o estratégico não está no radar. Por não terem sido preparadas, cuidam apenas da execução e acabam voltando às decisões erradas que comentei anteriormente. E, mesmo se analisarmos a jornada do empresário, ele também não foi preparado. Consequentemente, o papel dele como líder será falho. A equipe será operacional, e nenhuma liderança interna estará preparada, porque isso não faz parte da cultura da empresa.

Em outras palavras, tudo é feito sem preparo, sem estratégia. Sem metodologia. E tudo aquilo que fazemos sem entender direito *o que* e *como* é feito, ou estamos fazendo empiricamente, ou a partir da tentativa e erro. Em ambos os casos, esse processo abre margem para dar mais errado do que certo. É insustentável.

Desse modo, pensando no processo de contratação de novos colaboradores, precisamos mudar a nossa mentalidade. É uma etapa cuja responsabilidade pertence a todos, não apenas ao departamento de recursos humanos ou a uma empresa de recrutamentos com *headhunters*. Não pode ser feito com pressa e é preciso envolver a liderança e toda a equipe.

O coração de uma empresa saudável pulsa por meio dos líderes. Eles são a força motriz e impactam 100% das ações e decisões cruciais da organização. Mas, se não estão preparadas, essas lideranças acabam sendo lançadas em um mar de expectativas sem o treinamento e as ferramentas necessárias para navegar com eficácia e gerar os resultados esperados. Como consequência, o que mais vejo são decisões subótimas, equipes desmotivadas e negócios que andam em círculos sem progressos significativos.

> **Quer ver como esse problema está em camadas muito mais profundas do que imaginamos? Uma pesquisa feita pelo Chartered Management Institute com 4.500 profissionais do Reino Unido escancarou essa falta de preparo. O estudo visava entender a dinâmica das organizações entre líderes e liderados nas organizações.**

Apesar de uma em cada quatro pessoas ter cargo de liderança, 82% desses gestores nunca receberam nenhum tipo de treinamento formal em gestão e liderança. Eles se consideram "líderes por acidente".[8] O

---

[8] TAKING responsibility – why UK PLC needs better managers. **Chartered Management Institute**, out. 2023. Disponível em: https://www.managers.org.uk/wp-content/uploads/2023/10/CMI_BMB_GoodManagment_Report.pdf. Acesso em: 10 abr. 2024.

resultado disso reverbera na sensação interna, apontando que 20% dos líderes não se sentem preparados e confiantes nas próprias decisões. Com relação ao time, um em cada três trabalhadores já pediu demissão por conta dessa liderança problemática.[9]

Segundo a mesma pesquisa, os colaboradores que caracterizaram os líderes como pouco eficazes demonstraram uma significativa redução nos níveis de satisfação no trabalho (27% em comparação com 74%), sentindo-se menos valorizados (15% em comparação com 72%) e menos motivados (34% em comparação com 77%) em relação àqueles que descreveram os líderes como altamente eficazes.[10]

É um cenário tão comum que vemos isso das mais variadas formas e nos mais variados contextos. Provavelmente você já se deparou com essa dinâmica sendo retratada em algum livro, filme ou série. Algum líder despreparado que toma decisões ruins e impacta negativamente a vida das pessoas. Ou então algum líder despreparado que, mesmo a partir do feeling, consegue motivar e entregar o que é preciso. Para exemplificar melhor, vou citar dois exemplos.

Com uma ideia sensacional, a série *The Office*[11] conta com grandes nomes como Steve Carell, Rainn Wilson, John Krasinski e Jenna Fischer e retrata perfeitamente esse impacto. Apesar de ser ambientada em um cenário cômico, Steve Carell, ao viver o papel

---

[9] ROYLE, O. R. Nearly all bosses are 'accidental' with no formal training – and research shows it's leading 1 in 3 workers to quit. **Fortune**, 16 out. 2023. Disponível em: https://fortune.com/europe/2023/10/16/bosses-accidental-formal-training-workers-quit-cmi/. Acesso em: 11 abr. 2024.

[10] ROYLE, O. *Ibidem.*

[11] THE OFFICE. Desenvolvedor: Greg Daniels. EUA: NBC, 2005–2013.

de Michael Scott, um gestor que tem a síndrome do pequeno poder, acaba trazendo os contextos mais engraçados – e improváveis – para os colaboradores dentro da Dunder Mifflin, empresa de papel em Scranton.

Ali, um lugar que poderia facilmente ser o ambiente de trabalho mais chato do mundo, é palco para conversas engraçadas, constrangimentos, romances e tudo o que você imaginar de improvável, satirizando principalmente o personagem de Michael, com falas e decisões absurdas para a equipe.

Michael é o líder que constantemente se encontra em situações vergonhosas devido à falta de habilidade com gestão e sensibilidade interpessoal. Ele tem uma abordagem desajeitada e inadequada para liderar a equipe, personificando o estereótipo do chefe incompetente com uma presença tão cativante que faz você gostar dele. É o absurdo plausível, tão visível em alguns negócios que a única coisa que resta é rir e se divertir.

Outro exemplo que vale a pena mencionar é a comédia norte-americana *Ted Lasso,*[12] que estreou em 2020 e ganhou o coração de muitas pessoas ao contar a história de Ted, interpretado por Jason Sudeikis, um treinador de futebol americano dos Estados Unidos que recebe e aceita o convite para se mudar para a Inglaterra e treinar um time de futebol – algo completamente fora da bagagem profissional dele.

Para mim, essa é uma das séries mais carismáticas dos últimos tempos. Ted Lasso é um líder despreparado, e ele deixa isso muito claro desde os primeiros episódios. Apesar das decisões dele serem muito pautadas em tentativa e erro, ele é humilde, pensa com a razão e com o coração, não passa por cima das pessoas e deixa um

---

[12] TED Lasso. Criação: Bill Lawrence. EUA: Apple TV+, 2020.

canal de comunicação sempre aberto com todos ao redor. Preocupa-se com o crescimento do time, respeita as decisões dos outros e nunca leva as divergências para o lado pessoal, não acumulando nada dentro de si. Sempre se coloca de peito aberto nas situações, e, mesmo errando às vezes, os personagens entendem que ele é alguém do bem e que está ali para ajudar, o que acaba contribuindo para o crescimento de todos. Ou seja, mesmo sem ter tido o preparo adequado, ele é um baita líder.

Entre um extremo e outro, entre o constrangimento com tom engraçado e o que dá certo por intuição, a realidade é que esse despreparo não passa despercebido. E pode gerar muitas consequências. Pode gerar traumas, causar demissões e levar a equipe a não se engajar no objetivo principal, assim como também pode proporcionar momentos agradáveis, um senso de comunidade e fazer os resultados acontecerem. Sempre temos os dois lados de uma mesma história. As duas faces da mesma moeda. Porém, na incerteza, precisamos buscar a informação e a preparação.

Cada pessoa lida com o contexto da liderança de uma maneira, e a partir do momento que o líder entende que não dá para ficar no operacional porque a empresa cresceu muito e ele precisa delegar algumas tarefas e não se preocupar em microgerenciar cada pessoa do time, as coisas começam a andar com mais estrutura. Esse líder passa a aceitar que saberá de contextos específicos e receberá informações resumidas sobre os detalhes do dia a dia, o que representa, em última instância, abrir mão do controle de cada decisão que é tomada.

Essa clareza ocorre quando esse gestor percebe que o papel primário dele é saber montar um time capaz de resolver os problemas que aparecem. Ele identifica a demanda, busca no mercado um profissional adequado e garante que a equipe inteira participe desse processo para torná-lo mais efetivo. Depois, é preciso treinar e preparar essa pessoa para executar as tarefas esperadas.

Sei de tudo isso porque vivi esse processo na prática. Na primeira vez que virei líder, sofri mais. Não tinha as ferramentas, não havia sido preparado, não sabia o que precisava ser feito nem a importância da cultura e da contratação correta, então cometi vários erros até aprender. Sofri também com o que está implícito nesse cargo, como carregar a responsabilidade dos resultados e saber que você será responsável por tudo o que acontece abaixo de você. É responsável por motivar ou puxar a equipe para o fundo do poço.

Para além dessa análise, existe o contexto pessoal, que também foi um processo de adaptação para mim. Ser líder é deixar de participar de algumas conversas, deixar de estar em alguns círculos porque muitas vezes você não poderá mais fazer parte desses ecossistemas. Ser líder é lidar com o ônus e o bônus que a posição carrega. Entender isso não é fácil, mas é também *libertador*.

Assim, vejo que a liderança é o princípio de tudo. Nas dificuldades, é o líder que precisa tomar a frente e desbravar um novo caminho, mesmo que seja com a colaboração das pessoas ao redor. Ele tem como papel entender quais são os sonhos do time e fazer todos trabalharem em direção a esse sonho, porque são objetivos complementares. O sonho de cada pessoa de uma equipe se cruza com os objetivos da empresa. Ter isso em mente confere sentido à gestão, leva ao início da construção de uma cultura forte e faz as pessoas serem felizes no trabalho.

O líder despreparado não entende esses fatores, e, por esse motivo, erra. Muitas vezes, ele coloca os resultados e as próprias vontades na frente das pessoas, mesmo que essa decisão não tenha como objetivo principal o crescimento do negócio. Ele assume uma postura egoísta e arrogante, deixando o progresso em segundo plano. Ou então, por fazer tudo a partir da tentativa e erro, erra mais do que acerta, e, assim, os resultados não chegam e o negócio não cresce como deveria.

O líder é como um mapa que determina a direção que a empresa tomará. Pode direcionar para um caminho ascendente ou para um descendente. Mas é claro que o objetivo é que puxe a barra da equipe para cima, seja no âmbito dos resultados, na realização dos sonhos, no entendimento dos contextos, nas decisões do dia a dia ou na resolução dos problemas. É natural que a gente precise passar por alguns extremos até entender como tudo funciona, mas o despreparo faz desse ciclo algo infinito, gerando mais prejuízos do que benefícios.

No fim, a reflexão que fica é: a que custo isso tudo está acontecendo? Por que precisamos passar por isso? Sim, leva tempo para aprender empiricamente. Sim, leva tempo para aprender a partir da tentativa e erro. É muito mais fácil, portanto, cuidarmos dessa liderança agora e do que é efetivamente necessário para que o negócio tenha progresso do que postergar essas questões e empurrar com a barriga o que não está dando certo. Por esses e tantos outros motivos, quero fechar este capítulo contando uma história da minha jornada profissional.

Em uma das empresas onde trabalhei, tive uma experiência com o fundador que me trouxe muitos aprendizados e clareza sobre como o preparo adequado é fundamental. A empresa estava crescendo muito, abrindo portas para novos mercados e tinha uma equipe muito engajada. Mas a busca pelos resultados era desenfreada. Era uma empresa em que o lema era *fazer*, *fazer* e *fazer*. A qualquer custo. No fim das contas, estava todo mundo perdendo a saúde e a sanidade. Era um ambiente tóxico.

Foram muitas conversas até conseguir mostrar para esse líder – e fundador – que não dava para continuar assim, que era preciso fazer algumas mudanças. Em determinado momento, ele finalmente entendeu. Decidiu delegar algumas das tarefas e contratar um CEO para que fizesse uma reestruturação.

O combinado foi: contratar esse novo profissional para tocar a operação geral, tomar as decisões adequadas e continuar fazendo o negócio crescer, porém de modo caórdico, privilegiando o caos e a ordem, de modo a ter estrutura e uma boa pitada de performance. Porém, o que ninguém esperava era que esse acordo não estava tão bem-estabelecido assim.

No processo seletivo, houve muitas pesquisas, entrevistas e conversas até chegarmos a um colaborador ideal. Mas, com a entrada da nova pessoa, o fundador resolveu mudar tudo. Se antes a ideia era otimizar os processos, dividir as tarefas, desafogar as equipes e pensar em um crescimento que aconteceria sem ser prejudicial, a decisão agora era segmentar o negócio. Ou seja, o novo CEO cuidaria apenas de uma pequena parcela da operação, mantendo todo o restante com o fundador.

Ao trazer o CEO para dentro da empresa, o fundador ficou com inveja do resultado que estava acontecendo sem a participação dele. Perceba quão disfuncional é essa situação. Ele era o dono da empresa, tudo o que tinha sido construído até ali era fruto do trabalho dele e deveria ser o maior motivo de orgulho. Mas não foi assim que aconteceu. O maior defeito dele foi a vaidade. E, com ela, por fim, tudo desmoronou. Para ele, a empresa não poderia ser bem-sucedida nas mãos de outra pessoa. Ela não poderia voar sem o "toque" dele.

Isso é muito triste. Por não ter sido preparado, esse líder não conseguiu aceitar que precisamos de pessoas para crescermos. Não conseguimos fazer nada grandioso sozinhos. Se queremos crescer ainda mais, seja pelo próprio esforço ou pela ajuda daqueles em quem confiamos, precisamos entender que *pessoas* são peças-chave para qualquer desenvolvimento.

> **O despreparo do líder gera problemas enormes para a própria equipe e para o desenvolvimento do negócio, mas saiba que esse despreparo *não é culpa sua.* A maioria de nós "caiu de paraquedas" em uma posição de liderança. O que muda o jogo a partir daqui é a decisão que você toma tendo essa consciência. O que você faz com essa informação? É preciso refletir.**

Você, empresário, teve todo o mérito de chegar aonde chegou. Só está nesse patamar porque existiu muito suor para que isso acontecesse. Ninguém alcança uma posição elevada de resultados sem muita garra e força de vontade. Para estar com este livro em mãos, você entendeu algo muito importante: o que trouxe você até aqui não o levará adiante. Sei que você quer mudar, só não sabe o que precisa ser feito.

Posso garantir que ser empresário não é estar nessa posição de tamanho sofrimento. Ser empresário é ter o controle da sua agenda, alocar o seu tempo da maneira que quiser e conseguir olhar a parte estratégica do negócio. Se quiser levar uma vida superacelerada e hiperativa, está ótimo, vai funcionar. Se quiser ter uma vida mais tranquila, isso também é possível. Porém, só acontece quando você entende que tem uma ferramenta em mãos que não está sendo bem-aproveitada: o líder. Quando bem-preparado, ele fica culturalmente alinhado com você e faz diferença na empresa.

Resolve problemas, não deixa nada de ruim ficar embaixo no tapete e traz resultados.

Por outro lado, caso você seja uma liderança interessada no desenvolvimento do seu time e esteja aqui para estar mais bem-preparado, sei que você descobriu alguns caminhos para chegar aonde está, porém precisa entender que o valor da sua execução pode ser mais alto a partir das estratégias adequadas. É necessário tomar consciência disso, se superar, entender que um time forte entrega mais, mas que você precisa incentivar e ter pessoas melhores para que isso aconteça. Não existe espaço para o medo, até porque o líder eficaz está preocupado com a empresa em primeiro lugar.

Muitas vezes, você terá pessoas melhores que você em seu time, e isso não é ruim! Na verdade, é bom. Se existe alguém melhor que você, essa pessoa vai fazer a equipe toda crescer e os resultados chegarem. O bom líder não se preocupa apenas com o próprio progresso, ele vê no progresso de todos uma oportunidade de crescimento.

Essas são as mudanças de mentalidade que quero proporcionar aqui, que quero que você entenda para que possamos avançar. O líder preparado é a força vital que faz uma empresa dar certo. Chega de ser líder por acidente, queremos liderança por intenção. Entender isso muda completamente o jogo.

O BOM LÍDER NÃO SE PREOCUPA APENAS COM O PRÓPRIO PROGRESSO, ELE VÊ NO PROGRESSO DE TODOS UMA OPORTUNIDADE DE CRESCIMENTO.

@marcelotoledo

☑ 3
O LÍDER IDEAL

Já parou para pensar sobre quais são as características fundamentais do líder ideal? Como imagina que ele seja? O que você imagina que faz diferença no perfil desse líder? Quais habilidades ele precisa ter? O que muda no perfil de um líder ruim para um bom? São muitas perguntas, e existem muitos estudos dedicados à definição do líder ideal, voltados exclusivamente para analisar como deveria ser a pessoa que está à frente das decisões mais importantes que envolvem as empresas. Mas aqui falaremos sobre essas definições a partir de duas formações que existem no Google para lideranças: o Leaders Lab, que fiz há alguns anos, e o Project Oxygen, um projeto interno do Google.[13]

Entre todas as possibilidades de um bom líder, foram dessas duas iniciativas que tirei definições, habilidades e estratégias que falavam diretamente com o que eu acreditava e implementava nas empresas. A Leaders Lab tinha como objetivo combinar princípios de liderança atemporais com habilidades e estratégias inovadoras. Lá, aprendi um viés importante da liderança ao dividir essas características em duas esferas: pessoas e resultados.

---

[13] GOOGLE Re:Work. Disponível em: https://rework.withgoogle.com/jp/. Acesso em: 12 jul. 2024.

A segunda iniciativa foi o Project Oxygen, desenvolvido por Sergey Brin e Larry Page.[14] Esse projeto de *people analytics* faz parte do Re:Work, que publica diversos *papers* com recomendações e melhores práticas de liderança. No Project Oxygen, descobri que era possível utilizar os dados para transformar a cultura da equipe a partir de uma liderança que impulsiona desempenho e resultados.

Pensando no Google Leader Labs, para definir um bom líder, temos de levar em consideração as habilidades desse profissional, que devem estar divididas em duas esferas, assim como comentei. São elas: (1) entrega de resultados e (2) people skills. Abrindo cada um desses pilares, ficaríamos assim:

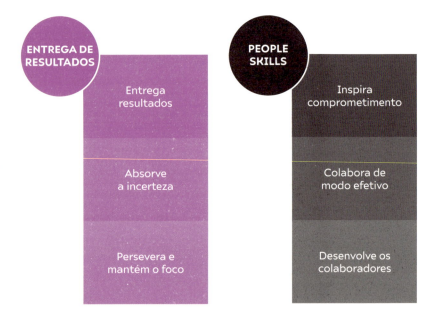

[14] ARAÚJO, R. Projeto Oxigênio: conheça mais sobre um dos principais cases de People Analytics. **Qulture Rocks**, 11 jan. 2021. Disponível em: https://www.qulture.rocks/blog/projeto-oxigenio-conheca-mais-sobre-um-dos-principais-cases-de-people-analytics-do-mercado. Acesso em: 3 maio 2024.

Perceba que a entrega de resultados passa por absorver a incerteza. Por quê? O mundo é fluido, as empresas têm de se adaptar. Portanto, faz parte do jogo entender que essa mudança acontece, e precisamos manter o foco para não desistir antes da hora. Isso é também entregar resultados. Em seguida, na parte de *people skills*, ou habilidades sociais e com pessoas, temos o comprometimento como ponto de partida para um bom líder. Ele precisa liderar pelo exemplo e faz isso mostrando o que é importante para que as pessoas ao redor se inspirem e repitam esse processo. Ao colaborar de modo efetivo, ele mostra que está preocupado com as pessoas e com a empresa, não apenas consigo mesmo e com os próprios interesses. Agindo assim, ele está desenvolvendo a si mesmo e aos colaboradores.

> Para mim, entender tudo isso é muito poderoso. Liderar não pode ser só entregar números em uma apresentação bonita durante uma reunião de alinhamento. Liderar é olhar para as duas esferas, habilidades sociais e resultados, e tirar daí o maior proveito possível, gerando uma reação em cadeia de desenvolvimento, aproveitamento e resultado. Quando mudamos uma pessoa – o líder – e o que ele faz, mudamos tudo.

Depois, no Project Oxygen, existem outros fatores que mostram como uma liderança ideal deveria funcionar.

1. É um bom treinador (coach).

2. Capacita a equipe e não microgerencia.

3. Cria um ambiente inclusivo, mostra preocupação com o sucesso e com o bem-estar.

4. É produtivo e focado em resultados.

5. É um bom comunicador, escuta e compartilha informações.

6. Apoia o desenvolvimento da carreira e discute o desempenho dos liderados.

7. Tem uma visão estratégica clara para a equipe.

8. Tem as principais habilidades técnicas para ajudar e aconselhar o time.

9. Incentiva a colaboração.

10. É um ótimo tomador de decisão.

Em resumo, o que eu percebo: enquanto o Leaders Lab traz um resumo dos dois pilares mais importantes, que são pessoas e resultados, o Project Oxygen abre o leque e apresenta tudo o que precisa ser considerado em termos de habilidades e comportamentos para que um líder seja bom. Não basta comprometimento e colaboração, é preciso apoiar o desenvolvimento da carreira, ter habilidades técnicas, tomar decisões acertadas, criar um ambiente inclusivo e por aí vai.

De nada adianta *só* entregar resultados. Isso não é ser um bom líder. Inclusive, já vi muito por aí: pessoas que entregam números no fim do mês e acham que é o suficiente. A pessoa que entrega só resultados e não se desenvolve nas outras esferas acaba criando um ambiente caótico, apodrecendo aqueles que estão ao redor. De nada adianta ser genial se você não tem boas relações interpessoais.

Por isso, precisamos entender que o bom líder é uma dualidade entre esses fatores. Líder que não conhece sobre "gente" não será um bom líder. Ele tem de ser apaixonado por pessoas, até porque empresas e clientes são pessoas. Para desenvolver essas habilidades comportamentais, ele tem de investir em autoconhecimento, olhar para dentro, checar o que está faltando em si para que possa entregar ao próximo. Precisa procurar pessoas melhores do que ele mesmo, treiná-las e estar pronto para o próximo passo dentro da empresa. É preciso ter sensibilidade, ler o ambiente, perceber a relação das pessoas e atuar em cima disso.

Um bom líder entra em uma reunião e, ao perceber que o clima ali está ruim, sabe exatamente o que precisa fazer para mudar esse ecossistema. Sabe como mostrar os números, fazer as perguntas certas, posicionar-se quando necessário e criar estratégias para crescer. Sabe como transformar uma reunião ruim em algo produtivo em que todos colaboram.

Por esse motivo, digo que a complexidade de uma empresa se dá pela quantidade de pessoas que existe nela. Não pelo faturamento nem pelos resultados, porque isso é adaptável quando consideramos o que precisa ser feito e ajustado, e sim porque ter pessoas é um fator decisivo. Os seres humanos são únicos, imprevisíveis e mudam constantemente. Quanto mais pessoas temos em uma equipe, mais difícil são a comunicação e os alinhamentos. Então como podemos nos organizar para que isso funcione da melhor maneira possível? Essa é a pergunta que tem de ser respondida a partir de agora.

Faz sentido para você? Esse será o nosso ponto de partida.

DE NADA ADIANTA SER GENIAL SE VOCÊ NÃO TEM BOAS RELAÇÕES INTERPESSOAIS.

@marcelotoledo

GUARDIÃO E TÉCNICO, O PAPEL DA LIDERANÇA

À medida que a empresa vai crescendo, precisamos cuidar dos líderes, que são a coluna vertebral do negócio. Eles guiam o time por um caminho, ajudam a determinar a maneira como os resultados serão entregues, auxiliam na comunicação entre os colaboradores, cuidam da cultura, das pessoas e da gestão. Em resumo, saem de um cenário de mera execução e assumem a responsabilidade de proteger o negócio e promover melhorias.

Muitas vezes, analisando o líder, conseguimos falar por qual motivo uma empresa escala ou não. Com uma observação detalhada, podemos ver o que funciona e o que não funciona, o que está dando certo e o que não está dando certo. Se temos um time que está "batendo cabeças" e não progride mesmo com demanda e mercado, existe um líder falho. Se temos dois times em conflito, também temos problemas de liderança. É a desordem falando mais alto do que o crescimento. Então um bom líder é guardião, corrige a rota, dá feedbacks, auxilia o processo de crescimento e entrega os resultados. E faz tudo isso sendo *humano*.

Costumo falar que o líder é também como um técnico de um time de futebol. O desafio do técnico é preparar a equipe, estabelecer a cultura e estimular os treinos e os resultados para ganhar os campeonatos. Para montar esse time, deve existir equilíbrio entre a estratégia e a entrega. Ele precisa de pelo menos um atacante, de um goleiro e de pessoas que cuidem da retaguarda. Para ganhar os campeonatos, ele tem de cuidar dessa composição, cuidar do entrosamento do time.

Um bom técnico lidera pelo conhecimento e pelo exemplo. E um bom líder segue o mesmo caminho. Ele busca liderar ensinando, mostrando o caminho das pedras, buscando densidade de profissionais e fazendo com que todos estejam alinhados com a cultura. Ele decide o critério de priorização das tarefas, não microgerencia os liderados e toma poucas decisões, mas certeiras, para que o negócio cresça e os resultados cheguem. Falamos sobre isso nas definições do líder ideal, sobre o quanto a tomada de decisões é importante. Mas de quais decisões estamos falando? E como decidir em quais momentos o líder se envolverá?

O LÍDER NA TOMADA DE DECISÃO

A partir da minha perspectiva, percebo que existem dois tipos de decisão: a decisão trivial e a decisão relevante. Você sabe a diferença entre elas? Qual é a decisão que o líder estratégico precisa focar? E por qual motivo? Vamos lá!

A decisão trivial é corriqueira, aparece o tempo inteiro para que algo seja executado a partir de um ponto de vista. Possui baixo risco e é reversível, ou seja, caso a decisão errada seja tomada, nada de muito grave acontecerá e será possível reajustar a rota. Esse tipo de decisão é perfeito para delegar, principalmente porque ele passa o conforto de que está tudo bem errar e que aquele erro é ajustável.

Mas, quando olhamos para o dia a dia do líder, sabemos que as decisões mais importantes não são essas. São as decisões relevantes. Elas são mais raras, acontecem ocasionalmente, são de altíssimo risco e irreversíveis caso algo saia do planejado. É o tipo de decisão que, para ser tomada, será preciso levantar dados, fundamentar as opções e encontrar o melhor caminho para chegar a uma solução. São decisões em que se conversa muito sobre o problema antes de dar o próximo passo. Esse é o nível de decisão em que o líder precisa estar, isso é estar no estratégico.

Se o operacional está ligado às atividades cotidianas da empresa, chegamos ao nível tático quando os planos são transformados em ações. Por fim, quando um colaborador vira líder, ele deixa de fazer parte do operacional e do tático e passa para o estratégico, no qual toma decisões que vão mudar o futuro da organização. Ele começa a lidar com as decisões relevantes. Entender essa diferença é crucial.

Para mim, complementando tudo o que vimos desde o início do capítulo até aqui, esse é o papel do líder ideal. Ser líder é delegar as decisões triviais e deixar que as pessoas errem e aprendam com os erros. É se preocupar com o que realmente importa, com o que faz diferença e com o que vai mudar o futuro da organização. É olhar para as decisões relevantes, procurar dados, soluções e estratégias que vão mudar o cenário em questão. Você tem feito isso?

Em determinado momento da minha carreira, passei por uma situação específica que me mostrou o poder dessa liderança estratégica e da tomada de decisão a partir dos dados.

ENTRE GUERRAS E *DASHBOARDS*

Em 2015, fui chamado para trabalhar em uma empresa. Eles buscavam um sócio e eu, um desafio; então, muito animado, aceitei a proposta. Era uma empresa que havia quase quebrado por conta de uma migração de sistema que a deixou fora do ar por três dias. Conseguiram se reerguer depois, só não sem alguns traumas. Quando cheguei, percebi que talvez por conta disso, ou por outras questões, era um negócio completamente orientado à opinião. Zero dado. No meu primeiro dia dentro da empresa, participei de uma reunião entre líderes com aproximadamente oitenta pessoas que viviam um verdadeiro cenário de guerra. Um apontava o dedo para o outro, todos parecendo tentar esconder algo, um caos.

Como cheguei no cargo de CTO, sentei na cadeira de um departamento que era o mais atacado de todos os lados. Sabe por quê? Tínhamos teto de vidro. Tudo o que não dava certo dentro da empresa era culpa da tecnologia. Se não tinha vendido como esperado, era porque a tecnologia não tinha resolvido determinado problema. Se os contratos não estavam fechados, era porque a tecnologia não estava entregando o que deveria. O problema, contudo, era que o meu departamento não tinha como se defender. Sem dados, era impossível argumentar com opiniões fortes e construídas ao longo dos últimos anos. Então chegávamos na reunião e tomávamos "porrada". Porque era opinião contra opinião. Na maior parte das vezes, nesse cenário vence quem fala melhor e mais alto. Por esse motivo, percebi que as coisas precisavam mudar. Precisávamos ter dados para avaliar adequadamente o que estava acontecendo. Será que era mesmo tudo um problema voltado para a área de tecnologia? Era isso que eu queria descobrir.

Aprendi sobre a operação da empresa e implantei um sistema que gerenciava todos os problemas. Era uma ferramenta de ticket. A cada nova questão, um ticket era aberto e começávamos a mensurar o que tinha acontecido, para categorizar os erros. Conseguíamos incluir com qual frequência aquilo ocorria, como, quando, quanto custava etc. Eu queria analisar com profundidade todas as questões para efetivamente ter uma resposta para a pergunta que comentei anteriormente.

Paralelamente à implantação do sistema, distribuí televisões pela empresa inteira. O tempo todo, os monitores ficavam passando *dashboards* de avaliação que mostravam os pontos de análise dos problemas. Cada área tinha o próprio monitor, e ali todos podiam acompanhar os *dashboards* para entender o que estava acontecendo. Logo que fiz isso, apareceu o primeiro problema.

Antes, essas falhas eram identificadas por clientes, que entravam em contato conosco e as reportavam. Dessa vez, descobrimos o problema pelos *dashboards*. Quando o monitor apontou a questão, uma bagunça se instalou. Algumas pessoas subiram à sala da tecnologia desesperadas, falando sobre a situação e os detalhes do ocorrido. Com calma, percebendo o desespero de todos, repliquei: "Pessoal, foi para isso que eu trouxe os dados. Para que todos vocês fiquem cientes do que está funcionando e do que não está. Agora, o que precisamos é de *espaço* e *tempo* para resolver essa questão e nos concentrar na solução. Assim que estiver resolvido, avisaremos a todos. Podem voltar aos seus lugares, por favor". E assim aconteceu.

Todo mundo se acalmou, voltou para o trabalho, e o time de tecnologia trabalhou para resolver a questão. Depois disso, nunca mais aconteceu uma reunião caótica igual àquela primeira. Ninguém nunca mais bateu à porta do departamento de tecnologia para questionar um aviso no *dashboard*. Por quê? Qual foi a conclusão disso tudo?

A partir de uma liderança estratégica, mostrei que era possível incluir a empresa inteira no que estava acontecendo para que pudéssemos ter dados para orientar a tomada de decisão. E mais importante: uma decisão relevante, que faria toda a diferença na operação. Mostrei os dados, apresentei a questão, resolvi o problema e todos perceberam que nem tudo o que acontecia internamente estava relacionado à tecnologia. Se, durante a reunião da liderança, um gestor falasse que não havia vendido porque a plataforma havia saído do ar, tínhamos relatórios para mostrar que o tempo era mínimo e o impacto não era grande. Os nossos dados sobrepuseram as desculpas dos outros. Elas deixaram de existir.

A dinâmica ali dentro era de todos escondendo os próprios departamentos para não mostrar o que estava por baixo das camadas superiores. Era uma transferência de culpa constante, mas não é assim que deve funcionar. Um bom líder sabe que um problema é de responsabilidade da empresa, não importa o individual. Se estamos trabalhando juntos, vamos resolver juntos. Percebe a diferença de uma liderança forte? Essa é a mentalidade. A liderança, quando entende o poder de estar à frente seguindo os pilares que comentei anteriormente e incluindo os dados para orientar a tomada de decisão, muda a dinâmica e entrega muito mais. Esse profissional quer dados e fatos. É com isso que ele trabalha!

Assim, para fecharmos este capítulo, quero que você se lembre de que, como líder, precisa ser um guardião, estar envolvido nas decisões relevantes e estratégicas da companhia e sempre buscar dados para resolver os problemas. No entanto, devemos também ter cuidado. Estamos condicionados a sempre fazer as mesmas coisas, porém já sabemos que não está dando certo. Existem muitos caminhos para fazer acontecer, e, por tentarmos dar significado a tudo o que nos rodeia e tentarmos sempre buscar os caminhos mais fáceis, é possível que o cérebro tente trair a razão e mostrar que o caminho mais curto é o ideal. Mas não é. Mudamos a partir do momento que colocamos em prática novos hábitos e tomamos decisões diferentes. Faça o que for preciso para progredir.

Você precisa sair de um patamar em que está para se tornar um bom líder, mas, no meio do caminho, o único fator capaz de fazer essa jornada dar errado é a sua mente dizendo que você não deve continuar, que não deve aplicar o que veremos, que não deve continuar a leitura. Não deixe que a sua mente abale você. Continue! Não se deixe ser boicotado por seus próprios pensamentos. Se me permite, vou deixar um conselho antes de iniciarmos os próximos passos: não deixe que o medo da falha, do julgamento do que as outras pessoas vão dizer, afete você. Esse é um dos primeiros passos para que tudo mude.

Exercício: os pilares do líder ideal

Falamos no início do capítulo sobre os pilares que definem o líder ideal, e quero que você faça a sua própria análise a partir da definição dos parâmetros do Google Leader Labs. A seguir, você encontrará uma esfera dividida em dois lados: entrega de resultados e *people skills*. Dentro de cada um desses espectros, deixei os três pilares do bom líder, para que você dê a si mesmo uma nota de 0 a 10 em cada um deles: 0 representa que você não está nada alinhado com essa habilidade e 10 representa que você está perfeitamente alinhado.

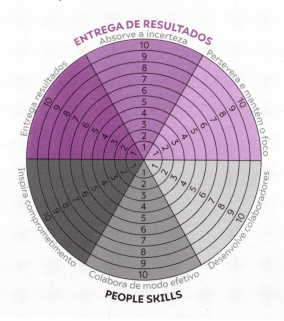

Com essa definição, quero que você consiga visualizar melhor quais são as competências em que possui nota mais alta e as com nota mais baixa. Elenque a seguir a sua escala, começando da nota mais baixa e seguindo para a mais alta.

Agora, com essa lista, reflita: o que você pode fazer para melhorar as competências em que possui nota mais baixa? Deixe a seguir as suas reflexões e o seu plano de ação. Tente pelo menos encontrar uma solução para cada um dos pilares em que a sua nota está mais baixa.

Lembre-se de que o papel do líder é fundamental para a nossa jornada. A partir de agora, falaremos sobre os três pilares – cultura, pessoas e gestão – que são fundamentais para estruturar uma boa empresa e uma boa liderança. É a partir do que veremos nas próximas páginas e com o que aprendeu até aqui que você deverá mudar a estrutura do seu negócio e como trabalha, para que tenha mais resultados e cresça. Espero que você esteja pronto! A jornada já começou.

O LÍDER TEM DE SER APAIXONADO POR PESSOAS, ATÉ PORQUE EMPRESAS E CLIENTES SÃO PESSOAS.

@marcelotoledo

4
CULTURA FORTE

A grande busca das empresas que estão nascendo, crescendo ou se desenvolvendo é fazer dinheiro. É uma luta pela sobrevivência. Depois que essa fase passa, o negócio entra em um processo de estruturação para que seja capaz de crescer ainda mais. Aqui, ele entrará em uma zona de crescimento ou de maturidade, ou seja, ou seguirá em processo de escala e resultados, ou amadurecerá o que já possui dentro da estrutura. Entre uma possibilidade e outra, a *comunicação* é o processo que precisa de mais atenção e cuidado. E a cultura é o princípio da comunicação.

J. Richard Hackman, autor, especialista em psicologia social e comportamental e um dos maiores nomes em comportamento de grupo e organizações, fala sobre a complexidade da comunicação no livro chamado *Leading Teams*.[15] Na obra, ele argumenta que, à medida que os times aumentam, a complexidade da comunicação também evolui. Isso acontece porque estaremos criando novas linhas de intersecção entre as pessoas – como é mostrado na imagem a seguir.

---

[15] HACKMAN, J. R. **Leading teams**: setting the stage for great performances. Estados Unidos: Harvard Business Review Press, 2002.

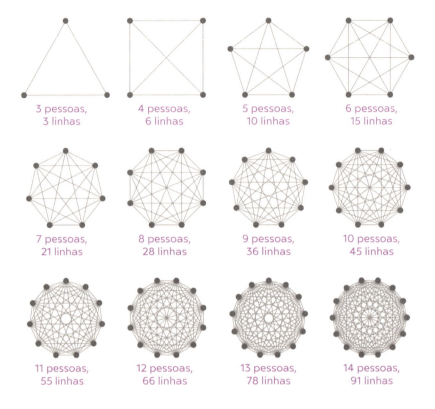

Assim, em um time a partir de quinze pessoas, a quantidade de links é muito grande e, portanto, impossível de ser sustentada. É preciso ter cuidado! Times menores são mais recomendados para que a comunicação fique redonda e seja mais simples de gerenciar. Por consequência, se cultura é comunicação, temos que ela será mais bem gerenciada em times menores, porque será mais simples e exigirá menos links. Essa é a lógica.

Entender a estrutura da comunicação para começarmos o capítulo que fala sobre cultura é fundamental, até porque não temos como falar sobre cultura sem falar sobre efetividade entre o que é passado e recebido por todos da companhia. Portanto, neste capítulo, falaremos do que está conectado à cultura, qual é a importância dela, como ela impacta o negócio e os colaboradores e como fazer um reset na cultura da sua empresa caso você precise reestruturar esse pilar.

O ponto fundamental aqui é: sem uma cultura forte, não será possível avançar e construir os resultados que você quer. Sem uma cultura definida e uma liderança alinhada com esse pilar, será como nadar e não sair do lugar. E é exatamente isso que não queremos.

CULTURA É INCORPORAÇÃO

Atribuída por muitos a Epicuro, existe uma frase que fala sobre o caráter de um indivíduo: "Caráter é o que você é quando ninguém está olhando". Guardadas as devidas proporções, a ideia é a mesma aqui, até porque caráter tem tudo a ver com cultura. Costumo dizer que cultura é o que as pessoas estão fazendo quando ninguém está olhando. Como o time se comporta quando o dono não está? Como o time se comporta quando o líder não está?

Uma das reclamações mais comuns que recebo fala de donos e líderes que, quando ficam fora da empresa, percebem que tudo para de funcionar e nada acontece como deveria. Você já passou por essa situação? Vendas não são feitas, processos não são executados, contratos não são fechados e atividades não fluem como deveriam. Saiba que esse é o sinal máximo de que a cultura não está sendo cuidada e propagada. Queremos que as pessoas tenham estímulos suficientes para entregar o melhor trabalho, independentemente da presença do dono ou do líder. Fazendo isso não só por essas figuras maiores na hierarquia da companhia, mas sim por si mesmas, porque, à medida que entregam resultados e crescem, estão também aprendendo e se desenvolvendo. Assim o ciclo se repete e todos progridem.

Desse modo, o primeiro ponto que temos de entender sobre cultura é que a contratação deve ser feita por caráter, não somente por habilidades. Mas o que isso significa? Estatisticamente, as demissões acontecem em grande porcentagem por falta de fit cultural,[16] ou seja, inabilidade do colaborador de se adaptar e aderir à cultura da empresa. Se as habilidades podem ser treinadas e percebemos resultados imediatamente; o caráter, não. Nesse caso, o processo é muito mais lento, e precisamos nos concentrar primariamente nesse segundo fator, não apenas no primeiro.

A incorporação da cultura, portanto, não pode ser só um quadro bonito em uma parede ou uma frase na caneca do colaborador; ela deve estar em toda a comunicação entre líderes e liderados, em todas as camadas da empresa, a partir de falas, atitudes, ações e comportamentos. Precisa estar impressa na contratação, no processo de entrevista, no *onboarding*, no dia a dia, nas tarefas, nas reuniões, nas dinâmicas, nos eventos e até mesmo no processo de demissão. Se a cultura não estiver sendo pensada, refletida e questionada o tempo inteiro, estamos fazendo errado.

CULTURA: ALINHAMENTO ENTRE VISÃO E VALORES

Se a cultura é o princípio da comunicação, será a partir dela que explicaremos também por qual motivo a equipe acorda todos os

---

[16] VEJA como não ser demitido e as principais causas de uma demissão. **Catho Comunicação**, 5 fev. 2024. Disponível em: https://www.catho.com.br/carreira-sucesso/o-que-vai-te-levar-a-demissao/. Acesso em: 15 maio 2024.

dias de manhã para fazer o que faz, por qual motivo e como busca os resultados, a partir de qual visão e valores. Pela cultura, passa também o porquê de um negócio, o propósito. Então, para termos uma cultura forte, precisamos de visão e valores bem-definidos.

Em primeiro lugar, a *visão* da companhia é como uma declaração do patamar que a organização deseja alcançar no futuro. É uma bússola estratégica, orientando as decisões e ações, inspirando todos a trabalharem em direção a um objetivo. É como a empresa gostaria de ser vista pelos colaboradores e pelo mercado em que atua. Depois, os *valores* são como os princípios e as ideias que guiam o comportamento e as decisões dentro da organização. São a base ética e moral sobre a qual todas as atividades se sustentam. E tanto a visão quanto os valores são pilares que passarão por colaboradores, fornecedores, clientes e parceiros. Então, se *a visão é o futuro* e *os valores são os ideais*, a cultura é a tradução disso tudo em conversas, ações e decisões.

Com ela, conseguiremos explicar como vamos chegar ao objetivo principal, isto é, como vamos atingir o que queremos em relação à visão e aos valores. Isso se dá porque de nada adianta atingir os resultados a qualquer custo, é preciso que se faça dentro de valores éticos e morais com boas práticas de cultura. A visão mostrará o caminho, e os valores mostrarão o que aceitamos ou não dentro do negócio em termos de comportamento e ações. Tudo isso, quando trabalhado em conjunto, traz clareza para o caminho que estamos percorrendo.

Se você está me acompanhando até aqui, percebeu que cultura, visão e valores estão intrinsecamente conectados, não podem jamais ser separados. Uma vez que a cultura é formalizada a partir desses pilares, o próximo passo será fortalecer o trabalho de comunicação para que todos vivam e respirem essa cultura. Até porque só assim ela será real e executada. Então podemos dizer que cultura é hábito? Sim, com toda certeza. Quanto mais a visão e os valores são repetidos e protegidos dentro da organização, mais a cultura se desenvolve e se consagra.

Se pensarmos em um negócio em construção, estabelecer uma cultura do zero pode ser um processo mais simples. Mas o que fazer caso o negócio tenha nascido sem ser intencional e crescido de maneira desordenada? Será preciso resetar a cultura. Sem visão e valores definidos, a cultura que existe hoje é orgânica e provavelmente não é adequada para o crescimento esperado. Se esse for o seu caso, fique tranquilo. Falaremos sobre esse assunto em detalhes no exercício ao fim do capítulo, mas aqui quero que você já tenha esta informação para que comece a refletir: como você enxerga a visão da empresa hoje? Quais são os valores dela? Eles estão sendo perpetuados na cultura? Quem está cuidando para que a visão e os valores sejam passados por todas as camadas de colaboradores? Essa última resposta é fundamental, e é o próximo tópico sobre o qual falarei aqui.

LÍDER: O GUARDIÃO DA CULTURA

Em alguns treinamentos que faço, costumo perguntar para os participantes quem já passou por uma implementação de CRM que deu errado. Para quem não sabe, CRM é a sigla correspondente a *customer relationship management*, ou gestão de relacionamento com o cliente, que nada mais é do que um sistema específico de informações e ferramentas para gerenciar a comunicação com os clientes. No momento da pergunta, em geral percebo que 70% dos presentes levantam a mão, indicando que sim, já passaram por uma implantação de CRM que deu errado. Você também já vivenciou isso?

QUEREMOS QUE AS PESSOAS TENHAM ESTÍMULOS SUFICIENTES PARA ENTREGAR O MELHOR TRABALHO, INDEPENDENTEMENTE DA PRESENÇA DO DONO OU DO LÍDER.

@marcelotoledo

Acontece que, para ter a utilização de um CRM novo, é preciso uma adaptação da cultura. Ao implementarmos um novo sistema, estamos falando para todos que queremos digitalizar a companhia para que ela seja mais eficiente, mas imagine só que todos os colaboradores estavam acostumados a realizar essas tarefas de modo diferente. Por estarem apegados às zonas de conforto, se não forem ensinados a fazer diferente, eles continuarão fazendo como antes. Se não forem cobrados, instruídos e receberem o exemplo dos líderes do que precisa ser feito, nada mudará. Então não basta só entregar o CRM e como ele funciona, é preciso trabalhar uma nova cultura que o utilizará como ferramenta de melhoria interna e externa.

Mas por que a implantação de uma nova cultura nem sempre dá certo? Simples! Porque não existem responsáveis por essa tarefa. Se uma tarefa pertence a todos, muito provavelmente ela não será executada, porque todos esperarão que o próximo faça. E ninguém nunca fará. Por esse motivo é tão importante que exista um *guardião da cultura*. E esse guardião é o *líder*.

O líder tem um papel indispensável na construção e passagem da cultura por todas as camadas da empresa. Ele deve ser o responsável por garantir que ninguém ferirá essas normas ao mesmo tempo que deve dar feedbacks de reforço positivo quando ela estiver sendo seguida. Ele é o *subset* da companhia e fará com que todas as pessoas estejam dentro das diretrizes e montem planos de desenvolvimento para que a empresa cresça seguindo as premissas definidas. E isso vale para tudo!

Quando falamos de mudança, tudo o que envolve a cultura precisa ser cuidado. Então, ao ter um novo mindset cultural em construção, uma parte das pessoas entenderá e outra parte, não. Consequentemente, aqueles que não entenderam e não concordaram com a nova cultura vão jogar contra a empresa e não seguirão os novos ideais. O que fazer nesse caso? É aqui que a cultura começa a ficar complicada.

> **Temos de entender que as pessoas que não se encaixam na cultura da empresa deverão ficar de fora desse movimento, ou seja, sair. Uma vez que o guardião da cultura entende que existe alguém do time que não está confortável com o que foi decidido, ele precisa passar um feedback, aguardar a melhoria e, se não houver, desligar essa pessoa, independentemente de quem seja.**

Em outra instância a cultura é aquilo que *toleramos*. Se toleramos aqueles que não preenchem o novo CRM, estamos mandando uma mensagem para todos de que está tudo bem não seguir as novas regras. Uma vez que abrimos uma exceção, estamos abrindo brecha para que novos comportamentos fora da cultura surjam, transformando-se em uma bola de neve. Então se o feedback é dado e o colaborador continua deixando de fazer o que é preciso, ele não serve mais para participar do time. Precisa ser demitido. Por mais difícil que essa decisão pareça, ela servirá de exemplo para todos os que estão ao redor. Infelizmente, não existe mudança de cultura sem sacrifício. É difícil, mas é a realidade.

Assim, o líder e guardião da cultura é a peça que juntará toda a mudança de comunicação dentro do negócio e fará com que a nova cultura esteja presente em todas as áreas da empresa. Mas será que a cultura é a mesma em todos os times? Será que ela pode mudar em cada departamento? Ou será que ela é estática e imutável para todos?

NÍVEIS DE CULTURA

Podemos dividir a cultura de uma empresa em dois níveis: cultura empresarial e cultura do time. Enquanto a *cultura empresarial* é a imagem mais ampla, assim como vimos anteriormente, a *cultura do time* trabalha esse pilar em um subnível, dentro de cada departamento e de acordo com os valores e comportamentos do líder daquela área.

Em outras palavras, a cultura empresarial é reflexo do dono, e a cultura do time é reflexo do líder. A primeira é mais "genérica"; a segunda, mais "específica", orientada ao que é vivido naquele momento. Ou seja, se temos líderes diferentes em cada área e necessidades diferentes de entrega de resultados, faz todo sentido que essa cultura tenha subdivisões de níveis dentro da empresa e que a cultura do time faça a definição dos padrões dentro de cada área da empresa.

Vale reforçar, contudo, que culturas nunca podem competir entre si, ou seja, a cultura empresarial e a cultura do time devem estar alinhadas e ser complementares. Assim, mesmo que a cultura do time tenha as próprias especificidades, ela deve falar exatamente a mesma "língua" da cultura empresarial, a partir dos mesmos objetivos, da mesma visão e dos mesmos valores. A cultura empresarial é a cultura mãe. E a cultura do time é o desdobramento dela. Percebe qual é a ideia aqui? Vamos pegar um exemplo para que você possa entender melhor essa dinâmica.

A cultura do Nubank é muito forte e está presente em todas as esferas da empresa desde o princípio. No deck de cultura, temos o seguinte:

We want customers to love us fanatically: queremos que os clientes nos amem fanaticamente;
We are hungry and challenge the status quo: somos famintos e desafiamos o "sistema", o status quo;
We think and act like owners: temos mentalidade de dono;
We build strong diverse teams: construímos times fortes e diversos;
We pursue smart efficiency: buscamos a eficiência inteligente.[17]

Percebe como todos os times podem ter esses pilares de cultura dentro das próprias atividades? Todos eles podem ser diversos, ter mentalidade de dono, eficiência operacional, desafiar o status quo e contribuir para um ambiente em que os clientes amem a empresa fanaticamente. Então, se essa é a cultura empresarial, como isso se desdobra na cultura dos times dentro do Nubank? Em geral, esses valores acabam ganhando contornos diferentes de acordo com o departamento.

Para a tesouraria, por exemplo, desafiar o status quo e buscar eficiência inteligente provavelmente será questionar os processos e sistemas utilizados, procurando mudar e melhorar o que for possível para entregar algo mais redondo, desburocratizado e eficiente. Para a área de inovação de produto, desafiar o status quo e buscar eficiência inteligente possivelmente será olhar o mercado, encontrar soluções novas e que estejam alinhadas com o crescimento e sejam uma entrega elevada para o cliente. Tudo isso, é

---

[17] GOUVEA, V. O que a cultura do Nubank tem a ver com foco no cliente? **Blog Nubank**, 6 jul. 2018. Disponível em: https://blog.nubank.com.br/cultura-do-nubank-foco-no-cliente/. Acesso em: 15 maio 2024.

claro, considerando as características dos líderes de cada área e o modo de trabalho de cada um.

O Nubank, inclusive, precisou passar por um processo de reestruturação da cultura do time. Com mais de 250 pessoas, havia colaboradores das melhores universidades do mundo, o que acabou gerando um conflito de interesses muito intenso. A partir do momento em que começamos a fazer um trabalho de mudança dentro dos nichos, a história da empresa mudou. Os times ficaram mais coesos, colaborativos, e as pessoas que antes eram mais introspectivas e não participavam tanto das trocas passaram a falar e compartilhar com todos.

Uma vez que a mudança esteja consolidada no cérebro dos colaboradores, cada indivíduo se transforma em um replicador. Por consequência, quando acontecerem novas contratações, essa cultura estará tão presente que será repassada adiante sem ruídos. Por isso é tão importante que o guardião esteja presente e faça esse trabalho de reverberar a nova cultura. Sem ele, a mensagem ficará perdida, ninguém passará adiante os ideais e tudo voltará a ser feito como antes. Isso é o que não queremos.

E mesmo que tudo seja feito corretamente, é possível que alguns times se desconectem da cultura em algum momento. Ou que a empresa fique tão grande que a cultura definida acabe ficando distante do que está sendo feito. Ou, ainda, que, assim como comentei anteriormente, a empresa tenha crescido de maneira orgânica e precise restaurar a cultura para que possa continuar crescendo. Em todos os casos, será necessário dar um *reset* nessa cultura. Esse será o exercício de fechamento deste capítulo.

É hora de mudar a sua cultura e começar a construir um caminho de sucesso e resultados.

RESET DE CULTURA

Se cultura é comunicação, hábito e o que as pessoas fazem quando o dono ou líder não está por perto, cuidar da cultura é ter certeza de que a empresa estará alinhada por completo em direção a um só objetivo. Assim, para resetar a cultura passaremos por dez etapas que explicarei a partir de agora.

1ª etapa: escolha do grupo

Separe um grupo para fazer o exercício de *reset* da cultura. Não se preocupe em chamar muitas pessoas, porém coloque todas aquelas que são peças-chave para a organização, que vão ter valor de fato no trabalho de construção da cultura. Separe todos aqueles que têm opiniões importantes, colaboram, estão alinhados com o crescimento da companhia. Uma orientação muito importante: o dono da empresa e os cofundadores precisam estar nessa dinâmica.

Com todos os nomes definidos, será necessário checar quantas pessoas há e se as dividirá em subgrupos. Isso pode variar de empresa para empresa. Caso o grupo completo fique com três, quatro ou cinco pessoas, está tudo certo manter apenas um subgrupo. Se estiver com oito pessoas, faça a divisão de dois grupos com quatro colaboradores. Com doze, divida em três subgrupos. E assim por diante. É possível fazer esse exercício com quinze ou vinte pessoas, basta dividir os colaboradores em grupos menores para facilitar o processo.

2ª etapa: coleta de informações da equipe

Paralelamente à etapa anterior, a ideia é fazer com que todas as pessoas de dentro da organização participem. Assim, os líderes devem questionar os funcionários que não participarão da dinâmica sobre a visão e os valores da empresa a partir das opiniões individuais deles. Devem coletar esses dados e deixá-los com os escolhidos da primeira etapa para que o material sirva de insumo para a construção geral do exercício. Essa é uma ótima maneira de fazer todos se sentirem parte do processo.

3ª etapa: preparação para a cerimônia

Chegou a hora de começar a preparação para resetar a cultura. Peça que todas as pessoas escolhidas na etapa 1 busquem visões e valores de outras empresas para que tenham referências. Essas informações deverão ser guardadas individualmente. Além dessa tarefa, devem levar uma foto impressa de uma pessoa pública que admiram muito. A ideia é reservar esse material com os insumos de todas as pessoas das equipes.

Depois, é hora da cerimônia. Minha sugestão é reservar um dia inteiro fora da empresa para realizar o exercício, a fim de marcar na mente do grupo que esse espaço será exclusivo para o *reset* da cultura e que todos devem estar completamente focados na missão. Caso não seja possível realizar a cerimônia fora da empresa, faça em um ambiente separado e de preferência sem interferências externas.

4ª etapa: o mediador

Para conduzir o exercício, será necessário definir um mediador da cerimônia. Pode ser o dono, pode ser um líder ou pode ser uma empresa externa especializada em processo de construção de cultura. Existem muitas no mercado. O ideal é que seja uma empresa externa, mas, caso não haja essa possibilidade, minha sugestão é que o mediador seja alguém que entende do assunto e saiba executar o trabalho. Essa pessoa precisará ser imparcial, comunicativa e ágil.

5ª etapa: a cerimônia, primeiro exercício

Com o local definido e todos presentes, chegou a hora de colocar a mão na massa.

Os fundadores devem começar o dia fazendo uma apresentação sobre o que é cultura, em qual momento a empresa se enxerga, para onde está indo e assim por diante. A ideia é dar uma perspectiva para as pessoas, deixando todos no mesmo contexto.

Com isso feito, o grupo seguirá para o primeiro exercício, que será pensar na visão da empresa. O que a empresa gostaria de construir no futuro? Como ela quer ser vista? Essas são algumas das perguntas que deverão guiar o primeiro exercício da cerimônia.

Aqui, o mediador deverá dar um tempo para que os presentes utilizem as referências que levaram de outras empresas e os insumos dos times para construir as próprias versões de visão para a empresa. O tempo pode ser definido de acordo com o tamanho dos grupos, mas poderá ficar entre vinte e quarenta minutos para um bom aproveitamento da dinâmica.

Com as respostas prontas, é hora de verificar o que cada grupo colocou. O mediador deve pedir que apresentem como foi o exercício e qual foi a visão escolhida para a empresa. Se a ideia é ter uma visão só, ele pode amarrar esse momento falando que o grupo inteiro precisará escolher apenas uma visão para definir a cultura da empresa. E é possível que a visão acabe virando uma colcha de retalhos, com elementos de cada grupo para se transformar em uma frase final. Não tem problema, a ideia é construir algo que esteja alinhado com os objetivos dos cofundadores e do futuro da companhia.

Além de tudo isso, partiremos de uma premissa importante chamada *good enough for now*, ou bom o suficiente para o momento. O que isso significa? Não devemos ficar procurando problemas nos detalhes, olhando palavras isoladas, sintaxe ou coesão. Tudo pode – e será! – discutido depois.

6ª etapa: a cerimônia, segundo exercício

Com a visão definida e acordada entre todos, partimos para a próxima etapa e o segundo exercício da cerimônia: a definição dos valores. Com a imagem da figura pública que os participantes do exercício separaram, a proposta é que cada um fale por qual motivo escolheu aquela personalidade. O mediador deve conduzir a conversa como se fosse uma entrevista, pedindo para que o participante se levante e explique por que admira aquela pessoa pública e quais são os valores dela que chamam a atenção.

Cada novo valor deve ser adicionado em um quadro branco para que todos acompanhem. Alguns exemplos de valores que podem aparecer: integridade, transparência, inovação, excelência, responsabilidade, colaboração, respeito, sustentabilidade, diversificação, inclusão, compromisso, empatia, agilidade, confiança, qualidade, ética, responsabilidade social, paixão, autonomia, adaptabilidade, empoderamento etc.

Com tudo anotado, é hora da votação. Quais são os valores que mais se adequam à cultura da empresa? Essa é a reflexão. Cada participante da cerimônia vai escolher de cinco a sete valores para votar e colocará, no quadro branco, uma bolinha ao lado de cada um dos escolhidos. Depois que todos votarem, o mediador deverá checar quais foram os cinco mais votados, para definição geral. Ele deve também perguntar a todos se o grupo gostaria de trocar algum valor ou adicionar um novo.

Depois desse exercício, finalizamos a cerimônia e partimos para o próximo trabalho de *reset* de cultura.

7ª etapa: redação publicitária

Depois que a cerimônia estiver finalizada, pegue o que foi construído em termos de visão e valores e envie para um redator publicitário, para que ele trabalhe esse material, deixando-o mais interessante. Aqui será o momento em que o profissional experiente olhará sintaxe e coesão, se está fazendo sentido e se está gerando curiosidade.

8ª etapa: detalhamento

Com o material pronto e revisado pelo redator publicitário, é hora de trabalhar o que ficou definido. Aqui acontecerá a criação do deck de cultura, ou seja, todos os tópicos serão detalhados em um material que se transformará em uma apresentação da cultura para os colaboradores internos – e externos caso a empresa deseje divulgar. Na criação do deck, algumas perguntas devem ser respondidas:

O que é a empresa?

Qual é a nossa visão?

Qual é a nossa cultura?

Quais são os nossos valores?

O que é inegociável para o negócio?

Como tudo isso se reflete em atitudes?

A ideia aqui é construir esse detalhamento pensando em quais comportamentos são aceitáveis e quais não são. Ao começar a ler o material, o colaborador deve saber qual é o verdadeiro valor da empresa, o que a move e o que faz diferença. Tudo o que é relacionado à cultura e aos comportamentos deve estar neste deck de cultura. E ele estará sempre em evolução e aprimoramento.

9ª etapa: o movimento

Depois que o material estiver pronto, precisamos encontrar uma maneira de marcar na mente das pessoas que algo está mudando. Para isso, sugiro a criação de um nome para esse novo movimento de cultura da empresa. Pode ser o nome da empresa + 4.0, o nome da empresa + o próximo ano, alguma palavra que seja importante para a cultura ou alguma hashtag interessante. Não importa! Mas crie um movimento para que todos saibam que algo está acontecendo e uma nova fase se iniciará. Esse será o seu plano de comunicação com as equipes.

10ª etapa: o dia a dia

Sabemos que novos hábitos não são transformados em um piscar de olhos, então não espere que a nova cultura reverbere em todas as camadas e em todas as pessoas de um dia para o outro. O plano de comunicação deve ser treinado dia após dia, atitude após atitude, passo a passo. Então, uma vez que o guardião é treinado, ele ficará responsável por treinar o restante do time e fazer com que todos vivam essa nova cultura na prática, e não apenas na teoria.

O aprendizado não é simples. É preciso orientar, praticar, repetir e ajustar. Assim, os líderes e guardiões devem fazer um trabalho de comunicação detalhado com todo o time e depois reforçar a nova cultura ao longo dos próximos meses para que todos percebam que a mudança é inevitável. Esse processo de treinamento poderá levar semanas ou até mesmo alguns meses.

> Quanto maior for a empresa, provavelmente mais demorado será esse processo. Mas lembre-se de que quanto mais a cultura for falada e executada na prática, mais fácil será para que essas novas diretrizes estejam presentes nos hábitos das pessoas. Todas as vezes que a cultura for ferida, isso deverá ser apontado. Essa responsabilidade é de todos!

Saiba que pessoas são imprevisíveis, e é possível que sejam necessários alguns ajustes de rota. Está tudo certo! Faça de tudo para manter a cultura como ela foi estabelecida e não tenha medo de tirar aqueles que insistem em não se adequar ao novo deck de cultura após feedback adequado e pedido de mudança. Não faça vista grossa para comportamentos inaceitáveis, não deixe que os problemas se perpetuem. Demitir faz parte do jogo, e é possível que nesse momento a empresa precise se reestruturar, tirando as "frutas estragadas" e colocando novas levas de "frutas saudáveis". Não tenha medo dessa etapa!

Por fim, não se esqueça de mudar todos os processos de acordo com o novo deck de cultura. Desde a contratação até a demissão, tudo deverá mudar para transmitir a mesma mensagem. A cultura deverá passar pelas decisões mais simples às mais complexas, por eventos, reuniões e tarefas. Por tudo. A empresa deve respirar a nova cultura. E ela se transformar em realidade a partir do momento que questionamos os processos, mudamos o que precisa ser ajustado e incorporamos ao dia a dia o que acreditamos e construímos. No meio do caminho, aparecerão os obstáculos. Tire-os da frente.

Sei que é difícil mudar a cultura, mas não é impossível. Fiz esse trabalho com dezenas de empresas. Como? Seguindo cada um dos passos que vimos e ainda vamos ver aqui. Não quero que você fique perdido, quero que encontre o caminho. Tudo o que falaremos a partir de agora passará por cultura, porque ela engloba todos os outros pilares de funcionamento e crescimento de uma empresa. E, sem ela, nada funciona.

A CULTURA DEVERÁ PASSAR PELAS DECISÕES MAIS SIMPLES ÀS MAIS COMPLEXAS, POR EVENTOS, REUNIÕES E TAREFAS.

@marcelotoledo

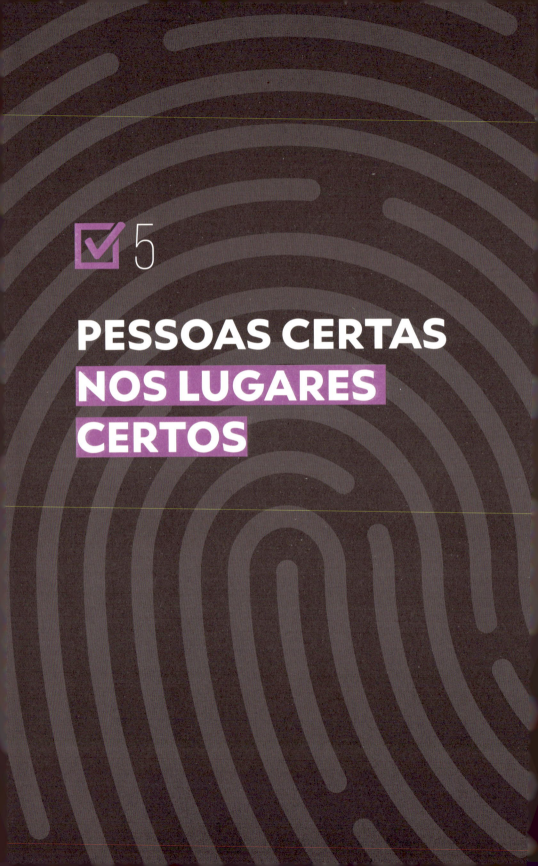

✅ 5
PESSOAS CERTAS NOS LUGARES CERTOS

Se uma empresa é um agrupamento de pessoas que vende um produto ou serviço para outras pessoas ou empresas em que existe também agrupamentos de pessoas, estamos o tempo inteiro falando, lidando e nos comunicando com seres humanos. É inevitável. E, para ter uma empresa com as pessoas certas nos lugares certos, precisamos entender como podemos construir times melhores que vão entregar os resultados planejados. Assim, depois que estabelecemos a cultura, definimos a liderança como guardiã dessa cultura e resetamos o que existia para algo novo e que nos ajudará a dar os próximos passos, chegou a hora de focarmos o ativo mais importante do negócio: o capital humano. *People first*! Esse é o lema.

É fundamental que o líder seja especialista em pessoas. Se ele não tiver essa competência, dificilmente conseguirá montar o time certo e, então, não terá a performance esperada nem trará os resultados desejados. Por isso, aqui falaremos sobre tudo o que envolve a construção do time ideal: amplitude de controle, modelos de organização de time, prospecção de talentos, entrevista, desvios de conduta e feedback. Será um capítulo denso em conteúdo, mas com conceitos e aplicações indispensáveis.

AMPLITUDE DE CONTROLE

Em 2022, em uma entrevista para um evento chamado Code Conference, Tim Cook, CEO da Apple, Jonathan Ive, diretor de design da Apple, e Laurene Powell Jobs, fundadora e presidente da Emerson Collective, falaram sobre o modelo de negócios da empresa, o que mudou desde a saída de Steve Jobs e quais eram as perspectivas de futuro. No papo, Tim comentou que algo que eles mantiveram dentro da companhia foi a estruturação de *times pequenos*, *colaborativos* e *parceiros* que conseguem fazer coisas incríveis juntos.[18] Essa obsessão por times pequenos se dá porque com essa estrutura existe maior probabilidade de colaboração. A informação flui melhor, afinal são menos pessoas e há maior retenção de talentos para gerar resultados.

Assim, *amplitude de controle* nada mais é do que o número de liderados por líder. É um indicador que mostra como está a saúde das lideranças, se existe sobrecarga ou se está saudável. Se você pesquisar um pouco o assunto, verá que não existe um número exato de liderados por líder. Algumas fontes dizem que você deve organizar sete liderados para cada líder, enquanto outras comentam que a melhor proporção é um líder para dez ou doze pessoas. Para mim, a melhor proporção é um para sete: um líder para sete liderados.

Essa variação acontece porque o número certo vai depender da área do negócio, da dinâmica de trabalho, do faturamento, da entrega e de tantos outros pontos decisivos para essa estrutura. O que precisamos entender é: quanto mais pessoas temos em um time, mais complexa fica a comunicação, como já vimos. Em resumo, quanto mais pessoas, mais complexa a amplitude de controle.

---

[18] TIM Cook, Sir Jony Ive KBE, and Laurene Powell Jobs | Full Interview | Code 2022. Vídeo (1h10min). Publicado pelo canal Recode. Disponível em: https://www.youtube.com/watch?v=sdvzYtgmIjs. Acesso em: 20 maio 2024.

Esse conceito de times menores não é novo. Apareceu na entrevista dos grandes nomes da Apple e em outras das empresas mais inovadoras do mercado. Na Amazon, por exemplo, eles chamam essa estrutura menor de "equipe de duas pizzas":

> O conceito das equipes de duas pizzas da Amazon é simples: nenhuma equipe deve ser grande o bastante para que sejam necessárias mais do que duas pizzas para alimentá-las. Deixando de lado a quantidade e a natureza dos recheios (não temos tempo e espaço para resolver a questão "deve existir pizza de abacaxi?"), idealmente, essa é uma equipe de menos de 10 pessoas: equipes menores minimizam as linhas de comunicação e diminuem a sobrecarga de burocracia e tomada de decisão. Isso permite que equipes de duas pizzas passem mais tempo se concentrando em seus clientes e constantemente experimentando e inovando em benefício deles, a maior prioridade das equipes de alto desempenho na Amazon.
>
> Equipes menores também aumentam a propriedade e o empoderamento. [...] À medida que os recursos da equipe se intensificam, há menos foco no esforço individual, pois as pessoas confiam mais nos outros para dividir os fardos. A magnitude da contribuição individual diminui à medida que o tamanho da equipe aumenta. Inversamente, o esforço individual aumenta à medida que o tamanho da equipe diminui.
>
> Equipes menores também aumentam a satisfação dos funcionários, que é uma preocupação fundamental,

> pois as organizações atuais se esforçam para atrair e reter os melhores talentos. [...] Muitas vezes, em equipes grandes, as contribuições individuais são menos reconhecíveis e a propriedade individual de áreas específicas se torna mais difusa.
>
> [...] No caso de equipes de duas pizzas da Amazon, não se trata apenas do tamanho. Um fator importante para permitir inovação e velocidade constantes em uma estrutura de equipe de duas pizzas é capacitá-las com um segmento único.[19]

Em resumo, esse é um jeito lúdico de dizer que os times precisam ser pequenos. Vale comentar: sei que não é possível seguir essa dinâmica em todas as empresas e todas as áreas. Em indústrias, por exemplo, quando analisamos as linhas de produção, é bem comum termos equipes maiores, saindo da casa dos vinte liderados para um líder e chegando a até cinquenta colaboradores.

Na maioria dos casos em que precisamos de times grandes, percebo que isso acontece porque a margem de lucro é muito pequena e é preciso ter equipes maiores para comportar margens mais seguras. Se a única possibilidade é manter uma equipe maior, é o que deve ser feito. Por outro lado, caso seja possível diminuir essa proporção e seguir a regra que comentei, um para sete, esse é o melhor dos mundos e o que fará com que a comunicação flua melhor.

---

[19] SLATER, D. Incentivo à inovação e velocidade com as equipes de duas pizzas da Amazon. **Amazon**, 2024. Disponível em: https://aws.amazon.com/pt/executive-insights/content/amazon-two-pizza-team/. Acesso em: 22 maio 2024.

Em times criativos, que são com os quais eu mais trabalho, a proporção de um para sete funciona perfeitamente.

Além disso, para líderes inexperientes, a minha orientação é sempre começar com um liderado no início, para que ele vá praticando e ganhando conhecimento. Depois, é possível subir para dois liderados, e assim por diante. Por fim, o último ponto importante é: a divisão não precisa ser a mesma para a empresa toda. O número de liderados por time pode variar de acordo com necessidade, demanda, dinâmica e entrega daquela equipe. É papel do líder entender essas diferenças e ajustar qual é o melhor tamanho de time para a própria equipe. O que queremos é garantir a produtividade e a performance, seguindo um objetivo comum.

MODELOS DE ORGANIZAÇÃO DE TIME

No início do século XX, durante a Segunda Revolução Industrial, Henry Ford propôs uma transformação no estilo de trabalho que revolucionou as indústrias, e essas mudanças até hoje influenciam nosso modelo de trabalho. Na época, por precisar de equipes mais produtivas, ele sugeriu que as pessoas deveriam se organizar de modo que estivessem em uma linha de montagem automatizada, com trabalho especializado e diminuição de custos.[20] Isso lembrou algo para você? Fazendo um paralelo mais simples e guardadas as devidas proporções, esse modelo é muito semelhante ao principal modelo de organização dos times que conhecemos. Quer um exemplo?

---

[20] CAMPOS, M. Fordismo. **Mundo Educação**, 2024. Disponível em: https://mundoeducacao.uol.com.br/geografia/fordismo.htm. Acesso em: 22 maio 2024.

Vamos imaginar uma empresa de software. Teremos ali dentro algumas equipes separadas: equipe de engenharia de software, de designers de produto, de vendas, de marketing, de suporte ao cliente, de recursos humanos, de finanças e contabilidade e departamento jurídico. É possível que existam outras áreas, mas, para o exemplo, basta. Pensando em todas essas equipes, o modelo tradicional de organização de time é que ele seja dividido dentro desses departamentos com profissionais especializados nessas áreas. Para o departamento de vendas, teremos especialistas em vendas e comercial trabalhando juntos. Para o departamento financeiro e de contabilidade, teremos profissionais específicos que se unem pela formação ou pelas aptidões, mas sempre exercendo funções diferentes e complementares na mesma área.

Porém, apesar de esse ser um modelo de organização de companhia que deu certo por muitos anos e ainda dá em alguns casos, ele não é o único. Outros modelos, assim como a utilização de metodologias ágeis e a organização dos times por *squads*, são ótimos exemplos de como podemos variar essa organização para termos mais produtividade e aceleração na busca por resultados. O Nubank é um ótimo exemplo dessa mudança.

A partir das metodologias ágeis, independentemente de quais sejam – Agile, Design Thinking, Lean –, o Nubank escolheu organizar os times em equipes multifuncionais e autônomas focadas na resolução de problemas específicos – os chamados *squads*, que nada mais são do que pessoas de áreas diferentes interagindo para entregar a resolução de um problema, um novo produto ou até mesmo para pensar em inovação e se comunicar melhor dentro da empresa. Os *xpeers*, ou equipe de atendimento ao cliente, sentam-se em lugares espalhados pela companhia para fazer com que a comunicação seja mais eficiente e para que possam resolver rapidamente os problemas do consumidor e checar o que precisa ser feito com a ajuda de outras áreas.[21]

Já no Spotify, os times são organizados em algumas subdivisões, mas quero explicar as duas principais: os *squads* e as tribos, para que você entenda a lógica do modelo de organização de times. Nessa ideia, apresentada por Henrik Kniberg e Anders Ivarsson no artigo *Scaling Agile @ Spotify with Tribes, Squads, Chapters & Guilds*,[22] vemos que os *squads* fazem parte do primeiro nível de organização das equipes, ou seja, grupos autônomos e multifuncionais que unem de seis a doze pessoas no máximo para contribuir com uma área de desenvolvimento da empresa. São pessoas com especialidades diferentes que trabalham juntas. Já as tribos são formadas quando precisamos colocar mais de um *squad* para trabalhar junto. É uma formação parecida com uma incubadora de *squads*, e para que dê certo é destacado um líder que comandará essa tribo, não ultrapassando cem pessoas. Em reuniões, os *squads* apresentam os projetos para a tribo.[23]

Eu poderia dedicar um livro inteiro para falar sobre os tipos de metodologias ágeis, mas o meu objetivo não é esse. A reflexão que

---

[21] COMO o Nubank usa a metodologia ágil para ser mais eficiente. **Blog Nubank**, 23 set. 2019. Disponível em: https://blog.nubank.com.br/nubank-metodologia-agil/. Acesso em: 22 maio 2024.

[22] KNIBERG, H; IVARSSON, A. **Scaling Agile @ Spotify with tribes, squads, chapters & guilds**. Disponível em: https://blog.crisp.se/wp-content/uploads/2012/11/SpotifyScaling.pdf. Acesso em: 23 maio 2024.

[23] BICUDO, L. Modelo Spotify Squads: como funcionam os times ágeis do Spotify? **G4 Educação**, 12 jul. 2022. Disponível em: https://g4educacao.com/portal/modelo-spotify-squads. Acesso em: 24 maio 2024.

quero provocar é: assim como na amplitude de controle, é responsabilidade do líder definir qual será o modelo de organização do time e checar o que funciona melhor para entregar os resultados necessários. Dentro de uma mesma empresa, é possível alternar entre esses modelos e ter uma parte dela dividida por especialidade e área, e outra área dividida por *squads* com propostas ágeis de construção de novos produtos ou serviços. O que não é desejável é manter o mesmo modelo sem considerar a existência de outros.

Percebo que muitas empresas ficam engessadas no modelo tradicional de organização e esquecem-se de que existem outras possibilidades que dão certo e podem ser testadas. Se você tem um novo produto que precisa ser desenvolvido, em vez de envolver todas as pessoas da empresa na criação, por que não montar um *squad* pautado em uma metodologia ágil de sua preferência para que isso funcione melhor? Assim, as pessoas serão destacadas das respectivas áreas para focar algo específico e que precisa ser resolvido.

Entre essas e tantas outras possibilidades, o que queremos evitar é o conflito de interesses entre os profissionais, com uma comunicação truncada, áreas dependentes umas das outras, fricção entre tarefas e cargos. E a maneira como o time é organizado deveria ser questionada pelo líder. Você tem pensado sobre isso?

PROSPECÇÃO DE TALENTOS

Se já entendemos o tamanho dos times com a amplitude de controle e os modelos de organização, o próximo passo é saber como prospectar novos talentos que estejam alinhados com a nossa cultura e com os objetivos da empresa. Como você tem feito isso até hoje?

É FUNDAMENTAL QUE O LÍDER SEJA ESPECIALISTA EM PESSOAS.

@marcelotoledo

Indo na contramão do que muitos líderes fazem, o processo de prospecção de talentos e contratação *não* deve ser uma tarefa exclusiva do RH. Muitas empresas delegam a tarefa apenas para esse departamento, não participam da construção do perfil da vaga, da seleção dos candidatos, das entrevistas… e depois reclamam quando a contratação dá errado e o colaborador não se adequa. O RH é importante, mas ele tem de ser um *suporte* para o processo, não o processo todo. Ele auxiliará o líder, que, por sua vez, precisa ser o responsável. Mas como fazer essa prospecção de talentos?

Como primeira opção, você pode optar por tentar indicações internas do próprio time, isto é, chamar membros da sua equipe e pedir que indiquem as duas melhores pessoas com as quais já trabalharam na vida. Aqui você já terá alguns potenciais candidatos. Depois, você pode tentar entender em quais canais estão as pessoas que fazem parte do nicho de contratação. Por exemplo: no universo de tecnologia, grande parte dos candidatos está no LinkedIn, então é ali que você deverá prospectar talentos. Você pode checar qual será o cargo para a vaga disponível, buscar esse cargo nos perfis da plataforma e ver quais são os colaboradores que estão trabalhando na área.

Olhe os perfis, faça os filtros necessários de acordo com as suas necessidades e adicione à sua rede as pessoas de que gostar, para tentar um primeiro contato. Costumo enviar uma mensagem privada me apresentando, falando sobre a minha trajetória, a empresa que está contratando, e faço um convite para um papo sem compromisso para que possamos nos conhecer. Pronto! O primeiro passo foi dado.

Durante a conversa, falo do processo de prospecção, dos objetivos e desafios da companhia, da vaga e do processo de entrevista.

Depois, costumo perguntar sobre o momento de vida dessa pessoa, para entender o que ela está vivendo, o que imagina para o futuro etc. Se a conversa for boa e eu sentir que existe a possibilidade de ela seguir com o processo de entrevista, passo o contato do profissional para que o meu time dê continuidade e possamos deixar esse candidato guardado para os próximos passos.

Ainda sobre os locais de prospecção, caso o seu nicho esteja em outras plataformas que não o LinkedIn, você pode utilizar essas ferramentas seguindo a mesma lógica para buscar talentos. O ponto fundamental aqui é entender onde estão os colaboradores de que precisamos e como podemos chegar até eles. O objetivo é encontrar ferramentas, estruturas, métodos e maneiras de procurar boas pessoas para que tenhamos times melhores. E lembre-se: prospecção, entrevista e contratação são, sim, de responsabilidade do líder.

Um aluno meu certa vez compartilhou um caso muito curioso: era CEO de uma indústria bastante relevante e precisava contratar 35 pessoas para iniciar uma nova operação, mas estava com muita dificuldade, especialmente por estar localizado no interior. Decidiu, então, voltar alguns passos e fazer o básico, de que todos já se esqueceram, mas que é fundamental. Criou uma campanha que foi divulgada no rádio, em outdoors e em jornais locais. No dia do processo, apareceram dezenas de candidatos. Eles fizeram todas as dinâmicas para triar, depois promoveram uma visitação às instalações da empresa, e o resultado foi uma contratação massiva de ótimos candidatos a uma fração do custo que se costumava ter em outros processos seletivos. Às vezes, temos de fazer o que ninguém mais está fazendo, ou seja, usar a criatividade e testar novos caminhos. Pense nisso.

O PROCESSO DE ENTREVISTA

Chegamos a uma parte crucial do capítulo: as entrevistas. Agora que você já sabe que o processo de prospecção de talentos é de responsabilidade do líder, é preciso entender que o de entrevistas deve fazer parte da estrutura da equipe. Isso mesmo, entrevistas não devem ser feitas apenas pela liderança; o ideal é que a equipe também participe e, assim, seja criada uma cultura de responsabilidade na contratação, uma vez que aquele novo colaborador fará parte do time e contribuirá para o todo.

Portanto, para tirarmos o máximo proveito do processo de entrevista, precisamos envolver mais pessoas. Em vagas mais simples, de cargos e risco mais baixo, o ideal é que tenhamos em torno de cinco pessoas participando do processo de entrevista. Para cargos mais altos, como diretoria, gerência, C-level (CEOs, COOs, CFOs), devemos envolver mais pessoas, porque queremos ao máximo evitar o erro de contratação, já que essa posição influenciará toda a equipe e os resultados da empresa. Nesse caso, estamos falando de processos de contratação que podem envolver sete, oito, dez ou até mais pessoas para que a margem de erro seja a menor possível.

Com isso em mente, falaremos sobre seis passos interconectados com o processo de entrevista e que precisam estar alinhados entre liderança, empresa e liderados.

1. Perfil da vaga

O primeiro passo é formalizar um perfil para a vaga disponível, que nada mais é do que o que queremos para aquele cargo: quais características, objetivos, quem estamos buscando, o que essa pessoa vai fazer e muito mais. Aqui precisamos documentar o que queremos para que saibamos o que estamos buscando. Para facilitar esse processo, você encontrará a seguir um exemplo de perfil de vaga para utilizar como modelo a partir de agora. Fique à vontade para fazer adaptações, se julgar necessário.

Informações técnicas sobre a vaga

Vaga: [título do cargo]
Local de trabalho: [cidade, estado, presencial ou remoto]
Tipo de contratação: [tempo integral, meio período, freelancer]
Departamento: [departamento em que a pessoa trabalhará]
Horário de trabalho: [incluir horário]
Salário: [se possível adicionar]
Benefícios: [se possível adicionar]

Sobre a empresa
[Quem somos, quais são os nossos objetivos, desafios e metas. Qual é a nossa cultura, o que nos move, o que é importante para nós. Nossa missão, visão e valores.]

Sobre o colaborador
[Quais características estamos procurando, qual perfil buscamos, como imaginamos que esse colaborador será.]

Sobre o trabalho
[Requisitos, experiência, cursos e conhecimentos específicos necessários, quais serão as atividades do colaborador, a quem ele reportará, detalhes do trabalho.]

2. Avaliação comportamental, técnica e cultural

Depois de selecionar os candidatos, é preciso entender como avaliá-los técnica e comportamentalmente. Para isso, deve ser feito um teste comportamental e depois o processo de avaliação em entrevista dividido em dois passos.

Teste comportamental. Costumo indicar o site 16Personalities[24] (que é gratuito) para que os candidatos façam o teste de perfil, mas há muitos outros que podem ser utilizados. Nosso objetivo aqui é entender se o candidato tem um perfil arquiteto, lógico, comandante, inovador, apoiador, mediador, protagonista, ativista, prático, defensor, executivo, cônsul, virtuoso, aventureiro, empreendedor ou animador.[25] Dependendo da vaga, é preferível que o candidato tenha determinado perfil. Por exemplo: se a vaga necessita de comunicação, o ideal é que tenhamos pessoas mais comunicativas e extrovertidas. Para vagas em que a lógica é fundamental, precisamos de pessoas mais práticas e organizadas.

Com esse perfil em mãos, vamos aos passos da entrevista. É necessário realizar dois tipos de entrevista: a entrevista técnica e a cultural.

Entrevista parte 1: técnica. Em um primeiro momento, para a avaliação técnica, o ideal é aplicar um exercício para o candidato. Programadores, por exemplo, podem resolver um problema de programação. Para um vendedor, uma ideia é pagar uma diária e colocá-lo para vender por um dia, a fim de que o líder e o time

---

[24] 16PERSONALITIES. Teste de personalidade gratuito. Disponível em: https://www.16personalities.com/br/teste-de-personalidade. Acesso em: 23 maio 2024.

[25] TIPOS de personalidade. **16Personalities**, 2024. Disponível em: https://www.16personalities.com/br/descricoes-dos-tipos. Acesso em: 24 maio 2024.

possam analisar como ele se sai na prática. Para outras áreas, é possível pedir que o entrevistado apresente um *case* de resolução de problemas. Enfim, o objetivo é ver a pessoa em ação.

Além do teste, inclua perguntas diretas relacionadas à técnica para a avaliação desse candidato. Você pode perguntar, por exemplo, sobre o conhecimento de ferramentas específicas, sobre resolução de problemas comuns à área etc.

Entrevista parte 2: cultural. No segundo passo da entrevista, nosso objetivo é checar o fit cultural dessa pessoa com a equipe e a empresa. Como cultura é comportamento e não existe cultura certa ou errada, o que precisamos entender é a natureza da pessoa para avaliar se ela é compatível com a da empresa, do líder e das pessoas com quem vai trabalhar.

Na entrevista cultural, as perguntas devem ser indiretas, pois buscamos saber como essa pessoa pensa e age. Por exemplo, se a minha vaga exige que o profissional tenha mais autonomia e tome decisões livremente, em vez de questionar se o candidato gosta de ser microgerenciado, pergunto: "Como você gosta de ser gerenciado?". Com essa pergunta, teremos uma resposta aberta sobre as preferências dele, identificando, assim, se o candidato se encaixa no perfil da vaga e da empresa.

Em resumo, o trabalho do entrevistador é fazer perguntas subsequentes para checar se aquela pessoa realmente sabe do que está falando. Você pode pedir ao candidato que lhe explique como era um líder de quem ele gostava muito, como eles trabalhavam juntos, como esse líder delegava, se funcionava, como era a prestação de contas e por aí vai. São muitas opções, mas o que vale é que o entrevistador precisará montar as perguntas pensando sempre no perfil cultural da empresa, da vaga e os comportamentos necessários.

Lembrando que existem diversos níveis de cultura dentro de uma empresa, mas a cultura corporativa precisa ser soberana e nunca pode entrar em conflito com qualquer outra. Porém, além dela, existe também a cultura do líder, até porque cada pessoa é única e tem um estilo de gerir e liderar. Depois, existe também a cultura do time, pois a composição das pessoas torna aquele ambiente único. Entre todas essas camadas, precisa existir encaixe, e nenhuma deve ser negligenciada.

3. Processo decisório

Em 2012, participei de um processo seletivo como candidato de uma empresa chamada Riot Games, para trabalhar no *core* que desenvolveria o jogo chamado *League of Legends*, e desde então costumo adotar esse processo decisório como o mais adequado para contratações. Atualmente, outras empresas, como Nubank e Klivo, também utilizam essa mesma proposta. E qual é esse processo decisório? Ele será *unânime*, ou seja, para que um candidato seja aprovado, todas as pessoas que participaram do processo seletivo precisam aprovar o profissional.

Algumas regras importantes para que essa abordagem dê certo:

- Fica estabelecido que os entrevistadores não podem conversar antes da cerimônia de decisão. Queremos evitar opiniões e influências.
- Ao chegar à sala de reuniões em que a decisão será tomada, faremos uma dinâmica chamada Jo Ken Po. Cada entrevistador terá a possibilidade de fazer três movimentos: *thumbs up* (polegar para cima – aprovação), *thumbs down* (polegar para baixo – negativa) ou *thumbs* lateral (polegar para o lado – neutralidade).

- A decisão precisa ser *unânime*. Isso significa que, caso alguém tenha colocado *thumbs down*, a decisão não será tomada imediatamente. Nesse caso, pode-se fazer uma rodada para conversar com a pessoa que não gostou do candidato e tentar convencê-la a mudar de ideia. Não é obrigatório, e ela pode manter a posição. Caso mude e seja unânime, o candidato será contratado. Caso não mude, ele não será.
- Realizam-se quantas rodadas forem necessárias até chegar à decisão final.

O objetivo de ter um processo decisório assim é entender que todos participam da contratação e têm responsabilidade nela. Ou seja, caso a contratação se mostre ruim, todos terão participado do processo.

Além disso, é uma dinâmica que tira o poder único de decisão do dono, uma vez que queremos descentralizar esse processo e fazer que os líderes de cada área tenham autonomia dentro das próprias especialidades. Se as pessoas que estão dentro da empresa estão bem treinadas em relação à cultura, isso significa que elas são as melhores para decidir quem trabalhará ali ou não. Então cuide da cultura, mude o processo de entrevista e de decisão dos contratados, e você estará cada vez mais contribuindo para que essa cultura esteja presente em todas as esferas da companhia. Entender essa dinâmica é evoluir, mudar e dar lugar ao novo. É fundamental.

É importante lembrar que esse modelo não funcionará se você ainda não estiver com uma cultura forte implantada, com as pessoas certas nos lugares certos e sem contaminação de colaboradores que estejam fora da cultura estabelecida. Ou seja, para funcionar, esses pilares precisam estar alinhados.

ÀS VEZES, TEMOS DE FAZER O QUE NINGUÉM MAIS ESTÁ FAZENDO, OU SEJA, USAR A CRIATIVIDADE E TESTAR NOVOS CAMINHOS.

@marcelotoledo

4. Onboarding

Uma vez que o profissional é escolhido, seguimos para o processo de *onboarding*, que nada mais é do que fazer a pessoa entender a dinâmica de trabalho, a cultura da empresa, como as tarefas são realizadas, para que possa se preparar para trabalhar sozinha e crescer internamente. Também costumo falar que o processo de *onboarding* ajuda as pessoas a "ramparem" dentro da organização, ou seja, produzir com o mínimo possível de dependência de outras pessoas.

Caso o seu processo de *onboarding* não esteja estruturado, quero deixar como orientação alguns passos simples para serem adotados imediatamente.

A. A primeira etapa do *onboarding* precisa acontecer com o departamento de recursos humanos. O novo colaborador deve chegar à empresa e falar com o RH para entender todas as burocracias: pagamento, férias, documentação etc.

B. Na segunda etapa, deve acontecer um papo com os fundadores, de mais ou menos uma hora, sobre a cultura da empresa. O objetivo é que os donos, fundadores ou cargos mais altos falem para o novo colaborador como a empresa está caminhando, qual é a visão e a missão dela, quais são os objetivos, para onde a empresa está indo e, ao fim dessa conversa, ofereçam um momento para tirar dúvidas. Importante: esse papo precisa ser ao vivo. Sem gravações nem vídeos prontos. Queremos que o novo colaborador tenha a oportunidade de ouvir da boca dos próprios donos ou fundadores quais são a cultura e a visão da empresa para o futuro.

C. O próximo passo é escolher três ou quatro áreas importantes para que os *heads* delas façam uma apresentação de uma hora cada sobre como funciona o trabalho, o que está sendo desenvolvido, quais são as metas e prospecções de futuro dentro de cada ecossistema. Pode-se escolher marketing, vendas, operações, desenvolvimento de produto, recursos humanos ou qualquer outro departamento que seja fundamental.

Ao fim dessas apresentações, terá finalizado o primeiro dia do novo colaborador na empresa, algo que vai durar mais ou menos seis horas. No Nubank, o *onboarding* do time de engenharia iniciou com um dia, atualmente são sete dias e há um time dedicado ao treinamento que coordena todo o processo. Não se esqueça também de criar um ambiente de colaboração e celebração desde o começo. Um bom almoço e cafés nos intervalos ajudam a criar conexões mais fortes com os novos entrantes.

D. No segundo dia de *onboarding*, o novo colaborador começará o processo de contato com o time em que trabalhará. Aqui, será preciso destacar um "padrinho", que será o parceiro de *onboarding* do novo profissional na equipe. Ele é responsável por sentar-se ao lado do contratado em um processo que chamamos de pareamento, para explicar o que precisa ser feito, onde estão as pastas, como funcionam os sistemas, o que é esperado do trabalho etc. No Nubank, esse padrinho é chamado de *buddy* (companheiro, em inglês).

Por fim, o processo de *onboarding* pode levar entre duas semanas e alguns meses, dependendo do tipo de negócio e de como ele será estruturado. Para empresas maiores, em que muitos candidatos entram todos os meses e é difícil encontrar tempo na agenda dos fundadores e *heads* para as apresentações, é possível separar um dia no mês para que isso seja feito. Nesse caso, o processo de *onboarding* passará primeiro pelo RH e depois seguirá diretamente com o padrinho para o trabalho de pareamento. Depois, no momento adequado, o novo colaborador entenderá a visão e as áreas.

5. Não existe cultura forte sem sacrifício: demissão

Falamos sobre selecionar pessoas, avaliar perfis, contratar, entrevistar e dar suporte para que elas saibam o que deve ser feito. Então, pensando em todas as possibilidades dentro da empresa, não podemos deixar de abordar algo fundamental em alguns casos: a demissão. Se estamos construindo uma cultura forte, precisamos fazer sacrifícios, e isso significa que, em alguns momentos, será necessário desligar colaboradores por motivos diversos.

Para aprender sobre o processo de demissão, em primeiro lugar temos de entender que existem dois tipos de estímulo para o colaborador: o positivo e o negativo. O **positivo** acontece quando oferecemos ao profissional a possibilidade de ganhar algo a mais do que ele já ganha, um bônus, por exemplo. Assim ele será estimulado a fazer mais do que seria o esperado. Já o **estímulo negativo** é a consequência de não realizar o que precisava ser feito ou estar fora do comportamento esperado na cultura da empresa.

À medida que mostramos para as pessoas que existem consequências negativas, ou demissão, caso elas não pratiquem a cultura e não gerem o resultado que esperamos, estamos criando uma cultura na qual mostramos o que é tolerável ou não na companhia. Portanto, o jogo da demissão mostra que nem tudo é tolerável, que quem ferir a cultura poderá ser desligado caso não mude o comportamento ruim. Afinal, quando temos uma cultura e ela não é seguida, é como se a empresa estivesse remando para um lado e o colaborador para outro. Ele está indo contra o que a empresa acredita.

É claro, porém, que a demissão não deve acontecer sem antes existir um feedback, mas falaremos desse tópico mais adiante em detalhes.

6. Avaliação de capacidade

Ao pensarmos na contratação e na entrevista, quero deixar uma ferramenta de avaliação de capacidade para que você, líder, utilize com os seus liderados, entenda como o time está se comportando e faça mudanças, se necessário. A seguir, apresento uma imagem do diagnóstico de capacidade e, logo depois, explico como funciona.

A proposta aqui é enquadrarmos todas as pessoas da empresa dentro de uma ferramenta que envolve dois eixos: *vontade* e *conhecimento*. Partindo dessa premissa, conseguimos definir quatro estágios de colaboradores: iniciantes, desencorajados, experts e críticos/cínicos. Quanto mais conhecimento tivermos, mais estaremos em direção a dois perfis: expert e crítico/cínico. Quanto mais vontade tivermos, mais estaremos em direção a outros dois perfis: iniciante e expert.

Um ponto importante é que os quadrantes não funcionam de maneira unitária, ou seja, existem níveis diferentes de iniciante, desencorajado, expert e crítico/cínico. Uma vez que você posiciona uma pessoa em determinado ponto dentro de um quadrante e outra pessoa em um ponto diferente, são pontos específicos e detalhados que mostram o nível de energia e conhecimento. Isso significa que podemos ter iniciantes que são quase experts, experts que são iniciantes, e por aí vai.

Sendo assim, a partir de agora quero explicar cada um dos perfis.

- **Iniciante**. Esse colaborador ainda tem muita energia e muita vontade, mas não possui conhecimento. Ele é novo na empresa, ainda está aprendendo.
- **Desencorajado**. Já foi iniciante em algum momento, mas perdeu a energia e está no pior cenário, porque não ganhou conhecimento e está desanimado por alguma razão.
- **Expert**. Com muita energia e muito conhecimento, o melhor cenário é o do perfil expert. O objetivo como líder deverá sempre ter a maior densidade em experts dentro de um time.

- **Crítico/cínico**. Aqui temos a pessoa que tem muito conhecimento, mas perdeu completamente a energia. Em geral, são pessoas que ajudaram na construção da empresa, foram os primeiros contratados, são importantes e com influência, porém estão com a energia muito baixa e são críticas com tudo o que acontece ali dentro.

A seguir, veja na tabela as características mais comuns para cada um dos perfis sobre os quais falamos.

ESTÁGIOS: CARACTERÍSTICAS			
INICIANTE	DESENCORAJADO	EXPERT	CRÍTICO/CÍNICO
• Pouco conhecimento • Inexperiente • Animado • Ansioso • Positivo • Curioso • Otimista • Excesso de confiança • Ingênuo	• Sobrecarregado • Confuso • Desmotivado • Desmoralizado • Frustrado • Desanimado • Pessimista • Desistindo • Flashes de competência	• Confiante na medida certa • Consistentemente competente • Inspirado/inspirador • Autônomo • Autoconfiante • Realizado • Autodirigido • Autoconfiante	• Cheio de dúvidas • Contribuidor • Inseguro • Está sujeito a confirmação • Entediado • Apático • Desmotivado

O nosso objetivo como liderança é sempre fazer com que os colaboradores não fiquem por muito tempo sendo iniciantes, desencorajados ou críticos/cínicos. Se permanecerem muito tempo ali, o comportamento pode se transformar em cultural, um hábito, e aí será muito mais difícil resgatá-los. E, para mudar a dinâmica e resgatar as pessoas, existem algumas estratégias. Veja a figura a seguir.

Como os *iniciantes* têm muita energia e pouco conhecimento, eles precisam de apoio e proximidade. Quanto mais próximo você estiver e observar o que está sendo feito para melhorar a curva de aprendizado, melhor será.

O *desencorajado*, em geral, foi um erro de liderança, porque é o iniciante que não recebeu conhecimentos necessários para "rampar" e progredir dentro da empresa. Para resolver, é preciso tirar todas as responsabilidades dessa pessoa em um primeiro momento e entregar tarefas individuais para gerar aprendizado. Quanto mais conhecimento o desencorajado vai ganhando, mais atividades podemos deixar na mão dele. A ideia é que ele melhore não só o pilar do conhecimento, mas também de energia, para caminhar em direção aos experts.

O perfil *crítico/cínico* é um dos mais difíceis de resolver, porque são pessoas fundamentais para a companhia e com as quais existe geralmente uma relação pessoal mais forte. Percebo que é nesse momento que o líder trava, mas isso não pode acontecer. Para resgatar esse perfil, é preciso motivar de modo a construir confiança e tentar reforçar os pontos fortes para melhorar a energia. Devemos mostrar para ele o que está acontecendo, alinhar os objetivos e apresentar os porquês de estarmos seguindo aquele caminho.

Esse desalinhamento provavelmente o deixou perdido, e agora precisamos resgatá-lo. O crítico tem de entender que o que nos trouxe até aqui não é o que nos levará adiante. Caso o comportamento não mude, infelizmente entrará em um processo de desvio de conduta, que falaremos a seguir. E, por influenciar muito as pessoas, não podemos deixar que essa atitude se espalhe entre os demais liderados. É fundamental tentar reverter o quadro do crítico ou desligá-lo, se necessário.

No último quadrante, temos o *expert*. Com esse perfil, é como se precisássemos dar corda para que ele continue avançando, mas não em excesso, para que ele não decaia. Diferentemente de quem está nos quadrantes inferiores, o expert é competente e entrega resultados consistentes. Ele não tem variação, não deixa dúvidas. Assim, temos de garantir que ele nunca perca o conhecimento que possui e jamais vire um crítico com a energia baixa. Como líder, para continuar desenvolvendo o expert, é preciso iluminar o caminho, trazer novos desafios, dar autonomia e incentivar.

DESVIOS DE CONDUTA

Se o líder é o guardião da companhia, ele precisa acompanhar os liderados para detectar os eventuais desvios de conduta e tomar as medidas adequadas diante do que acontece. O que o líder quer, no fim das contas, é minimizar os possíveis prejuízos na cultura para reparar o quanto antes o caminho e manter todos alinhados, em direção ao mesmo objetivo.

Assim, existem apenas dois tipos de desvio de cultura: comportamental e de performance. Para acompanhar a ideia, veja a imagem a seguir.

DESVIOS DE CONDUTA

COMPORTAMENTAL		PERFORMANCE	
Conhecimento	Vontade	Conhecimento/recursos	Vontade

Em **desvios de conduta comportamentais**, precisamos perguntar para o colaborador se ele tinha conhecimento sobre o assunto para não ter tomado aquela decisão. Se a resposta for "não", devemos fornecer o conhecimento para que esse desvio de conduta não aconteça mais. Por exemplo: se um colaborador do time erra em um ponto comportamental que vai contra a cultura da empresa porque não tinha conhecimento sobre isso, temos um desvio de conduta comportamental por falta de conhecimento, então precisamos fornecer as informações para que não aconteça mais. Por outro lado, se responder que tinha conhecimento do que era esperado, mas não fez por outros motivos, temos um caso de desvio de conduta por falta de vontade. Aqui caberá a lógica de feedback de que falaremos adiante.

Depois, para os **desvios de conduta de performance**, ou falta de entrega de resultados, existe uma pegadinha: você detém o conhecimento e os recursos necessários para executar o seu trabalho? Se a resposta for "não", é responsabilidade do líder resolver essa questão, ajudar o liderado com todos os recursos e conhecimento necessários para poder realizar o trabalho. Por outro lado, se tiver o conhecimento necessário e todos os recursos, faltará então vontade, o que nos sugere também que a melhor solução é dar o feedback apropriado.

Essa distinção entre conhecimento e vontade para os desvios de conduta é importante, principalmente porque muitas vezes o comportamento e os resultados não chegam por falta de conhecimento sobre processos ou cultura. E cabe ao líder fornecer essas informações. Assim, primariamente, em desvios de conduta em que falta conhecimento, podemos falar que temos falhas na liderança que precisam ser ajustadas. Se o time de vendas não vendeu o que era esperado porque entrou um novo concorrente no mercado e era necessário traçar uma nova estratégia em equipe, ao lado do líder, não é culpa do liderado. Foi o líder que pecou em não fazer esse acompanhamento e traçar essa estratégia.

Percebe a lógica? Desvios de conduta funcionam como um espelho em alguns momentos, no qual o líder olhará não só para a situação, mas também para si mesmo, e então poderá adequar melhor quais ações e ajustes precisam ser feitos para que os liderados acertem a rota.

FEEDBACK

Feedback nada mais é do que parecer, opinião, informação, conversa ou comentário. Em resumo, é uma conversa que pode acontecer como resultado da detecção de um desvio de conduta ou como reconhecimento por alguma ação que excedeu as expectativas previamente estabelecidas. Se somos seres que estão em constante desenvolvimento, é a partir do feedback – positivo ou negativo – que vamos evoluir, crescer, fazer diferente. Por isso essa prática é tão importante.

Costumo falar que o feedback pode ser ao vivo, em um bate-papo on-line ou por mensagem. Dependerá da situação, de qual é a urgência e do tipo de desvio de conduta que será abordado. Mas o mais importante é: feedback jamais deve ser "guardado". Sempre precisa ser dado no momento em que estamos vivendo aquela questão, para que as informações estejam frescas em nossa mente e possamos ajustar o caminho trilhado. E, é claro, se estamos falando de um desvio de conduta e um erro que aconteceu, o feedback jamais deverá ser feito na frente de outras pessoas, mas sim em uma conversa particular. Reforços positivos devem ser feitos na frente da equipe, enquanto críticas ou pedidos de mudança precisam acontecer individualmente. Assim reforçaremos com a equipe o que tem de ser feito (positivo) e trataremos os pedidos de mudança em particular (negativo).

Desse modo, o feedback deve ser oferecido sempre que encontrarmos um desvio de conduta, seja comportamental ou de performance. Se a cultura da empresa diz que pontualidade é um ponto importante, atrasos têm de ser tratados com seriedade e feedback. Se o objetivo da empresa é implementar um novo CRM e um colaborador deixa de incorporar as informações do sistema, é preciso acontecer um feedback de alinhamento de expectativas para que isso não aconteça mais. A lógica é a seguinte: toda vez que tivermos algo importante e que fugiu do esperado, o feedback é necessário, mas sempre levando em conta os tipos de desvio de conduta, assim como comentei anteriormente.

Se o feedback é uma conversa e somos seres comunicativos, acredito que a humanidade aqui é o fator mais importante. Entretanto, para oferecer uma estrutura que funciona muito bem em caso de dúvida, podemos compor todos os feedbacks seguindo três etapas: (1) situação, (2) comportamento e (3) impacto. Para a situação, o que temos de entender é: quando, onde e como ocorreu. Para o comportamento, precisamos apresentar o que foi feito em relação ao problema e o que estava errado nesse caso. Por fim, para o impacto, devemos apresentar de que modo esse desvio de conduta prejudicou a equipe ou a empresa.

Vamos imaginar que enfim chegou a sexta-feira em que o time faria, para o cliente, uma apresentação em que trabalhou muito, porém, um dos colaboradores chegou atrasado. Esse atraso impactou o andamento da reunião, adiando tanto o início quanto o fim dela. O líder poderia oferecer o seguinte feedback: "Toda a equipe trabalhou muito para a apresentação do cliente na sexta-feira (situação), entretanto você chegou atrasado (comportamento) e isso prejudicou a imagem que passamos para ele (impacto). Foi como se não estivéssemos preparados e não fôssemos profissionais o suficiente para dar andamento ao projeto, o que gerou a recusa e a perda do cliente (impacto)".

> A realidade, contudo, é que a naturalidade muitas vezes é o melhor caminho. Não precisamos de uma estrutura engessada para entender o que é certo ou errado, mas se surgir dúvida, ela pode ser utilizada. O que não podemos deixar de fazer é dar o feedback quando necessário, pois essa atitude nos ajudará a provocar evolução e crescimento para o time e para a empresa. Líderes que não dão – ou não recebem bem – feedback estão jogando contra a companhia, o que também vale para os colaboradores.

É importante reforçar que de nada adianta oferecer o feedback e não construir um plano de ação com acompanhamento para que esse comportamento não se repita. E o líder é o responsável por isso. Assim, os próximos passos do feedback são: (1) montar um plano de ação e (2) acompanhar a mudança.

Essa mudança poderá acontecer ou não. Caso aconteça, o líder deverá falar para o colaborador, como reforço positivo, que viu a alteração comportamental. Se não acontecer, esse processo deverá ser repetido com as etapas anteriores e uma nova: durante a conversa de feedback, é preciso que o líder deixe claro para o colaborador que ele já recebeu um comunicado e não mudou, então, caso a segunda tentativa de mudança não dê certo, a próxima conversa será para fazer o desligamento. Sei que essa atitude pode parecer um pouco rígida, mas acredite quando digo que não existe cultura forte sem sacrifícios e demissões. Devemos ser claros, pois precisamos que o colaborador entenda que essa é a última chance de mudança para que ele permaneça no time. E isso é inegociável. Caso ainda exista energia para mudar, essa é a hora.

Quando falamos sobre trabalho, temos um acordo entre funcionário e empresa, e ele deve ser bom para ambas as partes. A partir do momento que uma delas deixa de cumprir com esse acordo, é preciso rever o caminho, mesmo que signifique a saída de alguém importante. E isso vale tanto para o colaborador quanto para o líder. Combinado? Feedback e ajuste de rota são sempre uma via de mão dupla: todos participam e fazem parte do processo.

Exercício

(1) Agora é a sua vez! A partir dos quatro perfis que você aprendeu ao longo do capítulo, quero que coloque os membros do seu time nos quadrantes e faça uma avaliação de como poderá ajudá-los a seguir em direção ao perfil do expert.

Lembre-se de que você deve colocar as pessoas exatamente nos níveis em que estão enquadradas, ou seja, se você colocar um colaborador mais perto da linha entre iniciante e expert, significa que esse colaborador é um iniciante perto de se transformar em expert. Se colocar entre expert e crítico/cínico, isso significa que ele está em perigo de se transformar em um crítico/cínico.

DIAGNÓSTICO DE CAPACIDADE

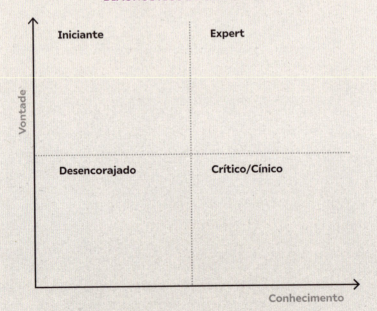

(2) Agora trace um plano de ação. O que você pode fazer para mudar o cenário das pessoas que trabalham com você? Como pode estimulá-las a sair dos respectivos quadrantes e ir em direção ao perfil expert? Anote a seguir, dividindo entre perfis e pessoas para diferentes ações.

FEEDBACK E AJUSTE DE ROTA SÃO SEMPRE UMA VIA DE MÃO DUPLA: TODOS PARTICIPAM E FAZEM PARTE DO PROCESSO.

@marcelotoledo

6 MODELO DE GESTÃO

Como você tem feito o acompanhamento do time? Como tem mensurado os resultados? Quais processos funcionam e quais precisam de ajustes? Existe um manual de processos? Quais indicadores você e sua equipe utilizam para medir o sucesso? Quais são os rituais? Com qual frequência vocês analisam o que deu certo ou errado? E como ajustam esse caminho? São muitas perguntas, e todas elas passam pela importância do *modelo de gestão*, que envolve estratégias para conduzir a gestão do negócio a partir do monitoramento constante dos resultados pelo líder e pelo time.

A criação de um modelo de gestão é também uma responsabilidade do líder. Neste espaço, falaremos sobre a criação do modelo de gestão, a gestão de processos, quais são os sistemas mais importantes, como implementar indicadores e metas e estruturar rituais. Assim como no Capítulo 5, quero compartilhar as lições mais valiosas dos meus mais de vinte e seis anos de experiência para que você, líder, possa eliminar práticas ineficazes e iniciar estratégias que vão gerar resultados.

CRIAÇÃO DO MODELO DE GESTÃO

Para começar, um dos objetivos do líder é criar um modelo de gestão com os liderados. Como você fará o acompanhamento da sua equipe? Definir essa questão envolve uma rotina de acompanhamento e ativos que serão analisados, e essa dinâmica terá especificidades de acordo com cada líder e cada time, ou seja, um time de vendas terá um modelo de gestão diferente daquele utilizado por um time de criação de produtos. Por termos objetivos e tarefas diferentes, além de perfis de líder que diferem, os modelos de gestão sempre serão adaptados de acordo com essas variáveis.

Entretanto, entre todas as possibilidades, existe um ponto em comum que precisa estar muito claro: o objetivo do líder jamais será microgerenciar os liderados, e sim analisar a quantidade mínima de dados para ter as informações necessárias e tomar as decisões certas. Sabe por quê? Informações em excesso geram burocracia. Dá trabalho produzir informação, e não queremos "errar a mão" nesse sentido. Nosso objetivo é olhar o mínimo necessário para fazer esse acompanhamento, e, resgatando um pouco do que vimos no Capítulo 1, sobre o caos, a ordem e a tentativa de buscarmos o ponto caórdico, a criação do modelo de gestão estará sempre em busca dessa intersecção, nunca em excesso no caos ou na ordem. Se temos um modelo de gestão com excesso de informações, tenderemos para a ordem. Se temos um modelo de gestão com informações insuficientes, tenderemos para o caos. Queremos o equilíbrio, o ponto caórdico.

Para avaliar a quantidade de informações necessárias para estar nesse ponto, o líder precisa, com o liderado, refletir sobre o que faz sentido produzir de material ou não. O que vale a pena ser analisado? Qual é a importância? Como isso contribui para a busca pelo resultado? O que não valer a pena ficará de fora. Não perca tempo com dados desnecessários ou que gerarão 1% do resultado. Essas informações são dispensáveis. O importante é ter um julgamento crítico do que interessa.

Aqui, muitas empresas que não estão acostumadas a trabalhar com dados precisarão mudar o modo de pensar, pois, à medida que adicionamos informações, deixamos de transitar no campo da opinião e passamos para o das verdades irrefutáveis. Lembra-se de quando contei a minha história dentro de uma empresa que não trabalhava com dados e gerava caos no departamento de tecnologia porque ninguém sabia o que estava acontecendo? A ideia é a mesma.

Ao criarmos um modelo de gestão que funciona, que olha para as informações certas e sai do universo da opinião, deixamos de lado os sentimentos e começamos a olhar o que importa. Essa ação faz toda a diferença, porque nos posiciona acima da média e faz todos saberem como entregar os resultados. A intuição é importante, mas ela também pode ser traiçoeira. Ela sempre precisa estar acompanhada de dados. E, para produzi-los, temos de saber *o que* e *como* estamos fazendo, e conseguir mensurar a entrega.

GESTÃO DE PROCESSOS

Ter processos é uma maneira de padronizar uma atividade, independentemente do envolvimento de uma ou várias etapas. Se precisamos realizar algumas etapas de uma tarefa para fechar contrato com um cliente, o processo nos ajuda a entender o que deve ser feito em cada uma dessas etapas e como isso acontecerá. Cada um dos passos, detalhadamente, fará parte da composição desse processo completo. Caso um colaborador entre de férias e outro precise executar a tarefa, ou caso ele saia da empresa e uma nova pessoa assuma a posição, ter essa documentação é fundamental para que nada se perca e seja sempre feito da melhor maneira possível – e de modo atualizado, de preferência.

Em resumo, ter processos é entender *o que* e *como* estamos realizando as atividades dentro de uma companhia. Com essas definições, além de padronizar a entrega das atividades, conseguimos utilizar esse parâmetro também para outro ponto fundamental: a comparação de qualidade, tempo e nível de entrega. Se existe um colaborador que executa determinada tarefa em 120 minutos, com um nível de entrega mediano, enquanto outro realiza exatamente a mesma tarefa em 50 minutos com um nível de entrega alto, podemos utilizar esse indicador para entender o que está acontecendo e fazer os ajustes necessários.

É claro que cada pessoa trabalha de uma maneira, tem as próprias especificidades e entregará resultados diferentes, mas mensurar e ter clareza dessas comparações nos ajuda a entender eficiência, produtividade, nível de entrega, custos e eventuais ajustes que podem ser feitos a partir da avaliação e comparação. De modo bem simples, podemos falar que ter processos é um ótimo jeito de comparar "banana com banana", como costumo dizer.

E o líder, exercendo papel fundamental no negócio, precisa ser muito bom em criar processos. Uma vez criado, teremos o piloto de como aquela tarefa deve ser executada, mas isso jamais significará que o processo precisa ser definitivo. Ele tem de ser o suficiente para começarmos, e deve ser questionado sempre. Precisamos olhar, revisitar, ajustar e sempre perguntar: existe alguma maneira melhor de executar essa tarefa? Se sim, esse é um ótimo sinal para que o processo seja alterado. Ao não testar constantemente e buscar melhores jeitos de executar as tarefas, estamos deixando de evoluir. Experimentar é importante, mudar se necessário é mais ainda, mas todas essas etapas devem estar documentadas.

Sobre esse ponto, tive um aluno no G4 Educação que entendeu exatamente quão importante é ter processos para jamais ficarmos reféns de apenas uma pessoa detentora do conhecimento. A empresa dele, no segmento de contabilidade, vive de processos para que tudo seja feito com qualidade e corretamente. É um trabalho desafiador, que precisa de atenção e estrutura, buscando evitar ao máximo o erro. Dentro desse universo, contratar e treinar pessoas é sempre um desafio, então, para diminuir essa dificuldade, o meu aluno criou uma cultura de documentação de processos muito completa. Tudo o que é feito na empresa precisa ser documentado. Uma vez que isso é feito, a documentação acontece em texto e vídeo, ou seja, o processo também é estruturado.

Desse modo, durante a etapa de *onboarding*, sempre que um novo colaborador entra, precisa assistir aos vídeos dos processos. Assim, o meu aluno conseguiu escalar, sair de poucos colaboradores para muitos, porque esse modelo de organização dos processos fez com que fosse fácil ver *o que* e *como* as etapas são feitas. O negócio cresceu.

Portanto, para fecharmos este tópico, seguem algumas orientações importantes na criação e manutenção dos processos.

Criação e formalização

Muitas empresas optam pela contratação de uma equipe externa para criar e formalizar os processos, contudo não acredito que isso funcione tão bem. O líder e os liderados sabem o que precisa ser feito, então ninguém melhor do que eles para montar e estruturar o que e como é feito.

Além disso, precisamos pensar em como organizar o que está sendo construído. Fluxogramas funcionam muito bem, mas é possível também utilizar uma metodologia chamada Business Process Model and Notation (BPMN), que é um modo de ler o funcionamento da empresa a partir da organização do que é feito com um diagrama. Como a minha intenção não é abrir em detalhes essa criação para não gerar excessos, deixo a informação para pesquisa futura, se necessário.

Por fim, com os processos criados, eles devem ser formalizados e consolidados em um local para que toda a equipe tenha acesso, de modo que possam assumir a responsabilidade por aquilo. Uma das maneiras de armazenar e documentar as informações é utilizando plataformas como Notion, Confluence ou Miro, mas existem inúmeras disponíveis para avaliação.

Processos são vivos

Caso o processo atual esteja funcionando bem, siga como está. Se não estiver dando certo, você pode – e deve! – melhorá-lo. O líder deve estar atento a esse ponto a todo momento. E processos ruins dão sinais. Quais? Erros, reclamações de clientes ou funcionários, etapas que não estão redondas etc. Para aprimorar esse processo, é essencial testar, experimentar e fazer diferente.

Processos são tão importantes que as contratações são tratadas assim no Nubank. Isso significa que existiam diversos modelos para experimentação na hora de contratar. Alguns levavam duas semanas; outros, menos tempo. Em determinado momento, sugeri tentarmos um processo em que o candidato passava por todas as etapas em apenas oito horas, incluindo entrevistas, visita ao escritório e feedback final sobre a entrada ou não na equipe. Depois de diversos testes, avaliamos o que melhor funcionou e decidimos qual seria o processo definitivo para essa atividade.

EM RESUMO,
TER PROCESSOS É
ENTENDER O QUE
E COMO ESTAMOS
REALIZANDO AS
ATIVIDADES DENTRO
DE UMA COMPANHIA.

@marcelotoledo

Em resumo, os processos devem estar em constante desenvolvimento, análise e aprimoramento. Só assim estaremos cuidando do modelo de gestão e evoluindo.

SISTEMAS

Esta é uma peça-chave para a organização de uma companhia. Sempre comento que, quando queremos ir em direção à ordem, precisamos olhar para três pilares: pessoas, processos e sistemas. Já falamos sobre os dois primeiros, então é hora de entendermos os sistemas e algumas opções para implementação. Ao definirmos quais dados são importantes e fazem parte de processos, precisamos de sistemas para ter acesso ao registro de informações brutas que se transformarão em indicadores, assunto sobre o qual falaremos logo em seguida.

Em vista disso, sistemas são tecnologias que nos ajudam a organizar, gerenciar e analisar tudo o que envolve um negócio, todas as tarefas, o modo de fazer, as informações e os resultados. Eles nos auxiliam a melhorar a eficiência operacional, tomar decisões mais conscientes e com maior segurança, ter mais produtividade, melhorar a comunicação, a integração e a colaboração do time, bem como gerir os nossos recursos (de tempo, energia e financeiros) e inovar, de modo a buscarmos o melhor resultado para o cliente. Embora seja possível operar sem sistemas, eles simplificam significativamente as tarefas. Como tudo evolui e acontece muito rapidamente nos negócios, ter um sistema nos leva a aproveitar mais o que estamos fazendo, com agilidade na resolução de problemas.

A seguir, separei algumas ideias de sistemas divididas por tipos para que você possa pesquisar mais e entender qual resolve as suas dores atuais com mais eficiência. Mostrarei opções, mas não quero que você as tome como algo conclusivo e imutável. Flexibilidade é tudo, e você, como líder, precisa entender que cada negócio e cada equipe tem particularidades. Então é necessário avaliar! Sem mais delongas, vamos lá.

Financeiro

Ter um sistema financeiro é o começo de tudo para a geração de indicadores. É o jeito mais fácil de termos informações e nos apoiarmos em dados. Com um sistema financeiro, será possível checar o faturamento, melhores e piores clientes, despesas operacionais e de capital, balanço patrimonial, demonstrações financeiras e de resultados, fluxo de caixa, receita total por produto ou serviço, margem de lucro bruta e líquida, previsão de orçamento e orçamento realizado, previsões fiscais e muito mais.

Invariavelmente, precisaremos implementar um ERP, ou Enterprise Resource Planning (planejamento de recursos empresariais). E aqui costumo sempre fazer um alerta: o sonho do ERP perfeito não existe. Como a proposta é a integração dos módulos de sistemas diferentes para que a informação seja uma só, é impossível conectar tudo sem gerar ruídos. É ilusão acharmos que todos os sistemas precisam conversar entre si. Então, na dúvida, procure sempre sistemas financeiros específicos para resolver as suas dores.

Algumas ideias para que você analise, indo dos mais baratos aos mais caros: Omie, TOTVS, SAP e Oracle. O primeiro deles, Omie, costuma atender a empresas mais jovens, porém muitas outras já grandes e em processo de expansão. O TOTVS é padrão de mercado em muitas indústrias e outros segmentos. SAP e Oracle são sistemas mais caros, com padrões elevados.

Para analisar o que funciona melhor para a sua empresa, sugiro que você verifique todos os custos que envolvem esses ERPs, uma vez que podem ser perpetuados para o resto da vida útil da empresa e chegam à casa dos 30% do custo total com manutenção regular.

Customer Relationship Management (CRM)

Vendas são a parte mais importante de uma empresa. Sem vendas, não temos nada. Então, se precisamos vender, nada mais lógico do que termos um sistema que nos ajude a otimizar os processos com os clientes, de modo a gerar mais conversão, receita e reincidência. Assim, um CRM, ou gestão de relacionamento com o cliente, é um sistema no qual a empresa poderá gerenciar todas as interações com os consumidores. É uma maneira de gerarmos inteligência para o time de vendas.

Atualmente, a maior parte das empresas grandes tem um CRM para oferecer. Quero deixar aqui como indicação para pesquisa o Pipedrive e o Salesforce, mas existem inúmeros outros no mercado. A escolha dependerá da necessidade. E novamente: marcas grandes, valores altos.

Gestão de projetos e atividades

Ter um sistema de gestão de projetos para organizar quais e como as tarefas são executadas é fundamental. Apesar de também existirem muitas opções no mercado, vale a pena pesquisar o ClickUp, Asana e Jira.

Documentação

Para os sistemas de documentação, a importância se dá à medida que você precisa registrar arquivos e informações, organizando tudo da maneira que faz mais sentido para a dinâmica da companhia. Neles, é possível adicionar processos, emitir relatórios e controlar o que está sendo feito nos times. Alguns exemplos: Notion, Confluence e Evernote, este último para documentação mais pessoal.

Gestão de processos

Em geral, quanto mais a empresa cresce, mais processos há. Então, ter um sistema de gestão de processos pode ajudar a automatizar algumas tarefas para que o gerenciamento delas seja mais simples e rápido de ser realizado. Se pensarmos no RH, por exemplo, ter esse tipo de sistema agiliza o processo de *onboarding*, no pedido de documentações específicas, envio de notificações para os candidatos, organização das tarefas que precisam ser feitas para os novos entrantes etc.

Alguns sistemas desse tipo possuem até mesmo templates de processos prontos para você utilizar, mas em geral é possível montar um processo do zero, de modo a abarcar as particularidades da empresa. Aqui recomendo o Pipefy, mas também indico que olhe plataformas *low-code* e *no-code*, isto é, aquelas que permitem que você crie um sistema mesmo sem saber nada de programação. Essa ferramenta facilita demais a criação e integração de processos, planilhas e automações.

Básicos e de colaboração

Sistemas de colaboração nos ajudam a ter acesso aos elementos mais básicos de uma empresa, como e-mail, calendário, notas e comunicação. Google WorkSpace e Office 365 são ótimos exemplos. Para colaboração, vale citar Slack e Teams, ambos oferecendo excelentes ferramentas de comunicação para que ela não seja feita via WhatsApp e contribua com a integração de equipes on-line e presencial simultaneamente.

Integração

Como estamos falando sobre muitos tipos de sistemas, pensar em integração é fundamental. Esse tipo de sistema conectará uma ponta à outra, fará com que as ferramentas que você está utilizando se comuniquem e façam a integração entre si. O Zapier é um ótimo exemplo de integração, assim como o IFTTT.

Aqui vale comentar que essa comunicação entre sistemas é feita por algo chamado Application Programming Interface (API), ou seja, interface de programação de aplicações, que nada mais é do que a comunicação entre sistemas. Portanto, quando escolher os sistemas que utilizará, garanta que eles possuam API, caso você precise realizar uma integração.

INDICADORES E METAS

Se estamos buscando as melhores maneiras de analisar resultados e o que está sendo feito, precisamos priorizar indicadores e metas para que isso possa ser feito com organização e dados.

Em primeiro lugar, temos os indicadores, que são métricas ou parâmetros utilizados para avaliar o desempenho de diferentes áreas da organização, a partir de processos, atividades, custos, resultados, produção, qualidade, entre outros. É um modo de sumarizar os dados de maneira consistente a partir de processos que se repetem e podem ser analisados. Enquanto os indicadores dão o caminho para a análise, as metas são o recurso para chegarmos lá. São os objetivos da empresa, aonde ela quer chegar e o que quer alcançar.

Utilizar a metodologia das metas SMART é um ótimo jeito de caminhar com direção e informações adequadas. Criado em 1981 por George T. Doran, o conceito nos diz que as metas precisam ser: específicas (*specific*), mensuráveis (*measurable*), atingíveis (*attainable*), relevantes (*relevant*) e temporais (*time-based*).[26] Devemos mensurar o que estamos fazendo, atribuir o objetivo a alguém, ser realistas, temporais na definição de uma data e relevantes quanto ao ponto aonde queremos chegar. Ter isso em mente nos ajuda a definir uma meta SMART. Depois, além dessa definição de metas, temos a metodologia dos OKRs, ou *objectives and key results* (objetivos e resultados-chave).

Como exemplo, vamos imaginar que a meta seja faturar 2 milhões de reais entre janeiro e dezembro em um ano. Aqui, temos uma meta SMART, mas podemos ir além. Como vamos construir um plano de ação para atingir esse objetivo? A proposta é que a meta seja aberta em resultados-chave que ajudarão a entender exatamente como chegar ao destino, isto é, criar objetivos menores e específicos, divididos por áreas. Esses são os OKRs. Além disso, entram aqui os indicadores para que possamos analisar e acompanhar a meta, assim como o indicador de faturamento e de custos e despesas.

Para construir uma rotina de implementação de OKR, é preciso criar uma agenda que defina os próximos três meses da companhia. Feito isso, as reuniões de OKR acontecerão sempre aproximadamente nas quatro semanas anteriores ao início do trimestre em que a meta precisa acontecer.

---

[26] O QUE são metas SMART? Entenda como aplicar esse método em sua vida. **Blog Nubank**, 12 dez. 2019. Disponível em: https://blog.nubank.com.br/metas-smart-o-que-sao-e-como-aplica-las-em-sua-vida/. Acesso em: 28 maio 2024.

OS PROCESSOS DEVEM ESTAR EM CONSTANTE DESENVOLVIMENTO, ANÁLISE E APRIMORAMENTO. SÓ ASSIM ESTAREMOS CUIDANDO DO MODELO DE GESTÃO E EVOLUINDO.

@marcelotoledo

Na primeira semana, os fundadores e o *management team*, ou time mais alto de gestão, estabelecerão metas macro para todas as equipes. Eles se concentram em faturamento, margem, lucro, qualidade e tudo que é estratégico. Depois, as equipes precisam refletir sobre quais ações serão executadas para atingir as metas macro e como essas ações contribuem para o resultado da companhia. Então, na segunda semana, os times apresentam os próprios OKRs com os objetivos internos para análise dos fundadores e *management team*. Provavelmente existirão pedidos de intervenções nesses OKRs, bem como sugestões e mudanças necessárias, o que nos leva à terceira semana, que acontece quando o time refletirá e alterará o que foi solicitado para uma nova apresentação. Por fim, a quarta e última semana tem como objetivo afinamentos e apresentação do *overview* para que todos saibam qual caminho será percorrido.

Esse planejamento pode levar quatro semanas, mas também ser ajustado de acordo com o tamanho da empresa e a quantidade de funcionários. Quanto menor for a empresa, mais rápido. Quanto maior for, mais lento será. O mais importante é: precisamos impactar a companhia como um todo, para que todos estejam dentro da cultura e cientes dos objetivos. E o mais legal é que, dentro dessa metodologia, estamos falando de metas construídas *bottom-up*, ou seja, de baixo para cima, uma vez que são os próprios times que definem como chegarão ao resultado macro.

O acompanhamento é fundamental. Isso vale desde a liderança estratégica até cargos táticos e operacionais. Cada qual a partir dos próprios parâmetros, mas todos monitorando o que precisa ser feito para que a meta seja alcançada. A diferença, portanto, entre o estratégico, o tático e o operacional se dá na frequência de acompanhamento. O estratégico vai monitorar os parâmetros com frequência menor (quinzenal a mensal), o tático com frequência maior (semanal a quinzenal) e o operacional a todo momento (diário). Quanto mais frequente for o acompanhamento, maior será o contexto para comunicação.

Em resumo, o objetivo de toda corporação é criar metas e manter indicadores de análise para avaliação do que está sendo feito e checagem de próximos passos. Você tem feito isso por seu time?

RITUAIS

Caminhando em direção ao fim do capítulo, chegamos aos rituais, que são práticas ou cerimônias recorrentes entre liderança e liderados para acompanhamento de objetivos e metas, revisão de processos, ajustes de rota e avaliação do *mood*, do humor, da equipe. Antes de falarmos sobre os tipos de rituais e as especificidades dele, precisamos entender que as empresas estão sempre atuando em projetos ou operação.

Mas qual é a diferença entre essas duas esferas? Um projeto tem começo, meio e fim. Ao escrever este livro, estou desenvolvendo um projeto. Uma vez que finalizar o último capítulo, terei terminado o projeto de escrita. Já a operação é um trabalho contínuo, que não termina nunca. É repetitivo, continua em constante desenvolvimento. Enquanto o primeiro tem indicadores de progresso, o segundo tem indicadores de eficiência. Percebe qual é a diferença?

Dito isso, existem rituais que são mais apropriados para projetos e outros para operação. Aqui, o meu objetivo é apresentar alguns rituais que são coringas e podem ser utilizados em ambos os casos, fazendo possíveis alterações de acordo com as necessidades da equipe e do acompanhamento.

Planning

É interessante começarmos com uma *planning*, ou seja, um encontro de planejamento com duração de uma hora, no qual discutimos e organizamos as ações a serem realizadas em um curto espaço de tempo, como uma, duas ou três semanas no máximo.

Em geral, o líder, o gerente de produto ou alguém que tenha uma relação direta com o projeto agendará uma reunião para apresentar todas as tarefas que existem no time e como elas estão organizadas, permitindo que todos participem da priorização do que será executado.

Algumas pessoas vão escolher cinco tarefas; outras, dez. Não tem problema. Não há um número certo de tarefas que precisa ser escolhido por cada pessoa do time, uma vez que existem tarefas que possuem ciclo maior de execução, e outras, ciclo menor.

No fim do papo, é fundamental confirmar se todos entenderam as próprias responsabilidades e perguntar: "Todos sabem o que precisa ser feito?". E assim fechamos o ritual com todos os direcionamentos e o planejamento para o próximo período.

Grooming

Esse é um ritual contínuo e interconectado com a *planning*. Se a *planning* acontece a cada duas semanas, o *grooming* acontecerá sempre que for necessário detalhar e se aprofundar nas tarefas, sendo assim uma preparação fundamental para a *planning*. Em geral, quem faz esse trabalho é uma liderança que está em contato com o projeto, ou um gestor de produtos, e o objetivo é refinar as tarefas, detalhar o que exatamente deve ser feito e quebrar em partes menores (horas, e não dias).

Para tarefas mais complexas, é possível que o colaborador precise de mais contexto, e o ritual de *grooming* funciona muito bem para isso. Dessa forma, todos chegam à *planning* com conhecimento profundo sobre todas as próximas tarefas, ficando super-rápido decidir o próximo passo.

No *grooming*, queremos eliminar tudo o que nos tira a atenção e dificulta o processo. Tarefas grandes ou que não são claras o suficiente são um problema. Podemos acabar pesando na mão e fazendo mais do que deveríamos ou até mesmo errado. Buscamos agilidade e maneiras para atingir eficiência e melhoria, então é preciso ver o que está funcionando ou não, o que pode ser melhorado ou não.

Acompanhamento das tarefas

Apesar de não ser um ritual, é importante mencionar o método kanban como uma forma eficaz de organizar e gerenciar tarefas, mantendo os ciclos contínuos. Kanban, que significa sinalização ou cartão, ajuda a acompanhar o andamento das atividades a partir de alguns parâmetros-chave: tarefas pendentes, em análise, em progresso e concluídas. Ao colocar esses status em colunas, você pode organizar e visualizar melhor as tarefas, facilitando o acompanhamento por toda a equipe.

Perceba que isso não é uma obrigação, mas sim uma maneira prática de manter tudo organizado e claro para todos.

Daily meeting

As reuniões diárias têm de ser curtas e ágeis, não ultrapassando quinze minutos, mas o cálculo que você poderá fazer é: mais ou menos dois minutos para cada membro da equipe. Se estamos falando de equipes menores, esse tempo será curto. Para que elas sejam rápidas, devem acontecer com todos em pé, ou seja, precisamos "cansar" as pessoas justamente para que não haja enrolação.

Aqui, cada membro da equipe deve falar de modo resumido sobre o status do que está realizando, e cabe ao líder detectar e remover os obstáculos. Também funciona como um ótimo termômetro para entender a produtividade das pessoas. Se todos os dias temos um mesmo colaborador que não avança nas tarefas e continua apresentando as mesmas atividades sem progresso ou dúvidas, temos um problema. Ou isso significa que essa tarefa não está quebrada em partes suficientes para que haja acompanhamento, ou essa pessoa não está fazendo o que precisa ser feito.

Review

Depois que concluímos um ciclo, chegamos ao ritual de *review*, que nada mais é do que revisitar tudo o que foi planejado e confrontar se entregamos o que havia sido combinado. Normalmente, não conseguimos entregar tudo. Está tudo bem! Muitas vezes, é possível que outras prioridades tenham aparecido no meio do caminho e o que foi combinado tenha ficado em stand-by, então a *review* é uma maneira de coletar as informações e gerar aprendizado para que possamos entender como foi o ciclo e o que podemos melhorar para o próximo.

Se as *plannings* acontecem a cada duas semanas, a reunião de *review* acontecerá uma vez no mês, após a quarta semana, e durará cerca de uma hora.

Retrospectiva

A retrospectiva é um olhar em retrospecto para tudo o que fizemos, e costumo realizar a cada quatro semanas, pois é o tempo ideal de nos lembrarmos do que aconteceu e para poder ajustar o caminho. Alguns times preferem realizar a retrospectiva a cada três, seis ou oito semanas, então verifique o que fará mais sentido para a sua equipe.

O objetivo desse ritual é gerar melhoria contínua de processos e manter o time sincronizado. Como? Dando voz às pessoas. Existem diversos tipos de cerimônia para a retrospectiva, e quero indicar um site maravilhoso chamado FunRetrospectives,[27] que oferece inúmeras ideias de retrospectivas para o cerimonialista utilizar como inspiração. Em português, existem doze opções de retrospectivas; em inglês, você encontrará trinta e quatro. São muitas possibilidades!

Em termos gerais, costumo orientar que a retrospectiva comece com um check-in, que é uma cerimônia lúdica para estabelecer o clima e fazer com que todos estejam presentes na reunião. Em seguida, temos as atividades do ritual da retrospectiva, que devem ser feitas com todos os participantes. Por fim, temos o check-out, que é a cerimônia de finalização, que pode ser uma palavra motivadora, entrega de um bombom para um colaborador que se sobressaiu nesse ciclo e por aí vai.

Queremos gerar uma conversa e, em geral, as pessoas travam nos problemas, então é aqui que o cerimonialista precisa ter mais atenção. Se os problemas se transformarem em tarefas, ele pode fazer uma votação em que cada participante da retrospectiva coloque dois votos ao lado das tarefas que serão executadas e ele ficará responsável pelo acompanhamento disso. Sempre faço essa escolha com apenas duas tarefas, porque o objetivo da retrospectiva não é gerar muitas demandas, e sim contribuir com a melhoria contínua de processos.

---

[27] FUN Retrospectives. Disponível em: https://www.funretrospectives.com/pt/. Acesso em: 24 maio 2024.

Além disso, outro ponto importante da retrospectiva é o cerimonialista. O líder pode ser o primeiro, mas, ao fim do ritual, ele deve solicitar um voluntário para ser o próximo cerimonialista e ajudá-lo na preparação quando o momento chegar. E assim seguimos, gerando rotatividade e fazendo com que todos sejam cerimonialistas em algum momento.

Por fim, vale comentar também que o tempo de retrospectiva vai variar. Caso seja a primeira retrospectiva do time, acredito que o ideal é reservar aproximadamente três horas para o processo. Depois, com o tempo, elas serão mais rápidas e chegarão a durar mais ou menos uma hora.

One-on-one

Esse é um ritual recorrente e fixo que precisa estar na agenda do líder a cada uma ou duas semanas no máximo. O *one-on-one*, ou comunicação direta, em tradução livre, é uma reunião cujo objetivo é o desenvolvimento do liderado a partir de um plano de ação que cruzará o sonho dele com os objetivos da empresa. Um ponto importante a ser considerado é que todo líder e liderado têm que estar com um plano de ação definido, ou seja, é preciso ter clareza de onde está, para onde pretende caminhar e como chegar lá.

Por isso, nesse momento, o líder oferece e recebe feedbacks, além de acompanhar o que está acontecendo dentro do escopo de trabalho do liderado. Porém, para saber os próximos passos, é importante dar o contexto de para onde a empresa está caminhando. Sem essa informação, o plano de ação não fará sentido e não conseguiremos cruzar os sonhos, como comentei anteriormente.

Esse ritual gera clareza de habilidades e deficiências, o que facilita entendermos qual é o caminho que deve ser trabalhado para que o plano de ação se concretize. O objetivo, então, é começar a reunião perguntando como o liderado está. Depois, a próxima pergunta deve ser: "Quais são os três assuntos mais importantes sobre os quais precisamos conversar hoje?". E, por fim, a minha sugestão é que o líder continue a reunião perguntando algumas vezes o que mais pode ser falado. Esse último ponto é importante, pois, em muitos momentos, assuntos ficam perdidos no meio do caminho e as pessoas esquecem informações. Agindo assim, estamos incentivando que não tenhamos pontas soltas nesse papo.

Além disso, vale reforçar que a minha sugestão é não pedir trabalho prévio para esse ritual, para evitar que ele seja burocrático. Tudo pode ser organizado na hora. E como a intenção é que seja um *one-on-one* mais leve, você pode fazê-lo caminhando, em um café ou em um ambiente diferente.

All hands

Para o *all hands*, que em tradução livre seria algo como "todas as mãos", temos um horário no qual líderes ou fundadores envolvem todas as pessoas da companhia para trazer anúncios importantes e celebrar as conquistas. Aqui podemos falar sobre novas contratações, novos produtos, conquistas gerais, avanços que estão sendo feitos, resultados conquistados etc.

Em outras palavras, é um momento de celebração e sincronia entre todos. Por isso, considere fazer esse ritual na frequência que mais fizer sentido, porém tomando cuidado para que não fique burocrático demais. Em startups que estão começando, o *all hands* costuma ocorrer com maior frequência porque existem muitas coisas acontecendo ao mesmo tempo. Está tudo certo. Mas, para empresas maiores ou de outros segmentos, percebo que esse momento acaba fazendo mais sentido mensalmente, para que se tenha tempo de organizar a agenda, definir quem apresentará as conquistas e subirá ao palco para comandar o ritual.

Desenvolvimento da área

Esse ritual é fundamental. Tem como objetivo que o líder e os liderados olhem o desenvolvimento da área, ou seja, se temos uma área específica dentro da empresa. O objetivo dessa reunião será desenvolver e progredir, considerando sempre o destino para o qual todos estão caminhando. Aqui precisamos falar sobre planos de ação que são comuns entre líderes e liderados e quais são os próximos passos em relação a isso. É um momento que pode ser feito semanal, quinzenal ou mensalmente, porém se deve ter um termômetro para checar se a frequência está dando certo. E como saber disso? Se estivermos repetindo as mesmas coisas, é hora de espaçar. Se estivermos sempre percebendo novas questões que precisam ser abordadas e estão sem espaço, temos de aumentar a frequência.

No fim das contas, a realidade é que essa regra vale para todos os rituais. Checar a frequência é importantíssimo para verificar se está fazendo sentido do modo como é feito e ajustar a rota se necessário.

Acompanhamento de resultados

Não adianta termos um modelo de negócios e um plano de ação se não acompanharmos os resultados. Assim, para esse ritual, estamos considerando envolver sempre os líderes nos cargos mais altos com os líderes de áreas específicas e alguns liderados que poderão auxiliar no processo de entender e acompanhar o que está acontecendo.

O ACOMPANHAMENTO É FUNDAMENTAL. ISSO VALE DESDE A LIDERANÇA ESTRATÉGICA ATÉ CARGOS TÁTICOS E OPERACIONAIS. CADA UM A PARTIR DE SEUS PRÓPRIOS PARÂMETROS, MAS TODOS MONITORANDO O QUE PRECISA SER FEITO PARA QUE A META SEJA ALCANÇADA.

@marcelotoledo

O objetivo desse ritual é ir mais fundo nos planos e nas realizações. Então, se criamos um modelo de gestão, é nessa reunião que ele se concretizará. Aqui serão apresentados materiais que envolvem os resultados, como indicadores, números específicos, plano de ação, o que deu certo ou errado e próximos passos que serão dados.

> **É importante envolver o líder da área e alguns dos liderados, porque assim será possível entender nos detalhes o que acontece e dar a oportunidade de outras pessoas mostrarem trabalho. Essa decisão de quem será levado pode ser do líder, mas é importante que isso seja estimulado a todo momento.**

Como é um ritual que deverá acontecer dividido por área, se esse líder cuida de cinco áreas diferentes, terá cinco reuniões diferentes. Se são dez áreas, terá dez reuniões. Por isso, a frequência dessa reunião pode ser diferenciada e funcionar de acordo com cada área e o papel dela dentro dos objetivos da empresa, sendo semanal, quinzenal ou mensal. Se for uma área mais estratégica, que não terá resultados imediatos e está funcionando sem erros ou problemas, o líder poderá espaçar mais o ritual.

Além disso, se o líder decidir que não é necessário realizar uma reunião de acompanhamento com uma área específica, ele pode optar pela gestão assíncrona, isto é, aquela que não acontece em tempo real. Nesse caso, ele prepara um material específico para ser enviado ao líder daquela área, assegurando que todas as dúvidas sejam esclarecidas e que todos os pontos necessários sejam compreendidos, verificando até mesmo se existe a necessidade de agendar o ritual.

Sob demanda

Existem também os rituais sob demanda, ou seja, aqueles que podem acontecer esporadicamente e perante determinadas situações na empresa. Citarei dois importantes, mas podem existir outros, dependendo da necessidade.

(1) Sala de guerra

Quando uma situação grave acontece, precisamos nos comunicar para entender o que aconteceu e solucionar o ocorrido. Assim montamos a sala de guerra. Se o time for remoto, todos estarão na mesma sala virtual. Se for presencial, separaremos uma sala para falar sobre o assunto. O nosso objetivo é resolver o problema.

Devemos comunicar o que aconteceu, entender quais são as soluções possíveis e o que será implementado. Aqui queremos entender como podemos restabelecer a ordem e garantir que as coisas funcionem corretamente.

(2) *Post mortem*

Depois que o problema for resolvido, teremos uma reunião que costumo chamar de *post mortem*, ou seja, a cerimônia que checará os detalhes do ocorrido, visando criar as soluções necessárias para que aquilo não aconteça mais. Todas as pessoas envolvidas no problema devem participar, independentemente de quais áreas foram afetadas. Se o problema começou com o atendente de call center, ele deve estar na *post mortem*. Se depois passou para o gerente de RH, o fluxo é o mesmo.

Para começar, o líder da reunião deve fazer em um quadro uma linha do tempo com a retrospectiva de tudo o que aconteceu. A primeira pessoa que foi impactada pelo problema falará e explicará o que aconteceu, e o líder anotará o resumo. Depois, ela falará para quem passou a bola e assim por diante. Tudo anotado no quadro até chegarmos à linha do tempo completa dos fatos. A proposta é recontar a ocorrência para que todos tenham contexto do que aconteceu.

Depois, o segundo objetivo da reunião é entender como isso poderá ser evitado. A pergunta feita é: "Pessoal, o que podemos fazer para que isso nunca mais aconteça?". Em geral, os problemas devem ser resolvidos de duas maneiras: ou criamos um processo para resolver a situação, ou faremos a automatização da tarefa. No Nubank, sempre automatizávamos os problemas. Era proibido resolver algo com um processo, porque sabíamos que novos problemas apareceriam com frequência. Então a ideia de resolver de modo automático é mais efetiva.

Com um plano traçado, a *post mortem* chega ao fim e todos estão cientes do que será realizado.

Após tudo o que vimos, quero fechar o capítulo sobre modelos de gestão com duas perguntas:

1. O que você faz hoje?
2. Como pode mudar?

Cuidar dos detalhes do modelo de gestão não deve gerar uma sensação de peso por tarefas desnecessárias; deve ser algo leve, que ajuda na comunicação, proporciona acompanhamento e gera resultados. Esse é o objetivo.

NÃO ADIANTA TERMOS UM MODELO DE NEGÓCIOS E UM PLANO DE AÇÃO SE NÃO ACOMPANHARMOS OS RESULTADOS.

@marcelotoledo

☑ 7

HORA DE ABRIR PORTAS E PROGREDIR

Nos últimos capítulos, apresentei os três principais pilares de desenvolvimento de um líder e do crescimento de uma empresa, ou seja, falamos sobre cultura, pessoas e gestão. Quando comecei a trabalhar no Nubank, presenciei a importância de cada um desses conceitos dentro da organização.

Com uma cultura que nasceu formalizada desde o primeiro dia de trabalho, o Nubank colocou as pessoas nos lugares certos desde o princípio e investiu em um modelo de gestão de sucesso. Até cometeu alguns erros no meio do caminho, assim com qualquer empresa, mas logo voltou ao eixo e seguiu aplicando esses princípios. Então, dos três pilares que vimos, o Nubank acertou em todos e foi o primeiro banco no mundo a nascer com essa mentalidade. E isso fez toda a diferença.

Mas sei também que nem todas as empresas têm a possibilidade de nascer com esses três pilares alinhados. Está tudo bem. Mesmo que esteja na estaca zero, ainda assim você pode aplicar tudo o que vimos aqui. Talvez você tenha um pouco mais de trabalho, mas não significa que não vai dar certo. Significa apenas que você precisará dar um passo de cada vez, assim como o Nubank fez em muitos momentos quando derrapou e teve de ajustar a rota.

Trouxe essa ideia para iniciarmos este capítulo porque quero que você se inspire no *case* de um banco que nasceu do zero, em uma casa na rua Califórnia, com um sonho e algumas pessoas. Ninguém sabia o que era o Nubank ou no que ele se transformaria.

Quando conheci a empresa, confesso que achei que ali existisse apenas um negócio de cartões de crédito, não um banco. Fiquei impressionado quando entendi a dimensão de tudo o que estavam construindo. E me apaixonei pelo processo.

Assim, de tudo o que ensinei aqui, posso afirmar com 100% de certeza que eles aplicaram os três pilares que vimos anteriormente. É claro que o timing contribuiu para o sucesso de se transformarem em um dos grandes nomes do mercado, com um valor atual de mais de 62 bilhões de dólares,[28] mas o fato é que construir essa estrutura e cuidar desses pilares mudou tudo, assim como quero que você mude a partir de agora caso ainda não tenha dado os primeiros passos. Portanto, timing faz diferença, mas a maneira como trabalhamos e as decisões que tomamos também fazem. Este livro passou por essa ideia em todos os momentos, e não poderia ser diferente.

Olhando para as quinze empresas mais valiosas de 2014, pouquíssimas eram da área de tecnologia.[29] Hoje, a grande maioria delas está na lista.[30] Por que isso aconteceu? Para mim, fica muito evidente que, além do quesito inovação e desenvolvimento acelerado, elas aprenderam a trabalhar de um modo completamente diferente das empresas tradicionais. As empresas de tecnologia não estão no

---

[28] NU Holdings Ltd. **Google Finanças**. Disponível em: https://g.co/finance/ROXO34:BVMF. Acesso em: 5 jun. 2024.

[29] 15 marcas mais valiosas de 2014. **Forbes**, 6 nov. 2014. Disponível em: https://forbes.com.br/listas/2014/11/15-marcas-mais-valiosas-de-2014/. Acesso em: 5 jun. 2024.

[30] PIO, J. Valor das 100 marcas mais valiosas do mundo sobe 20% em 2024, atingindo US$ 8,3 trilhões. **Exame**, 12 jun. 2024. Disponível em: https://exame.com/marketing/valor-das-100-marcas-mais-valiosas-do-mundo-sobe-20-em-2024-atingindo-us-83-trilhoes/. Acesso em: 12 jul. 2024.

topo porque são pulsantes e o mercado delas está aquecido, mas sim porque aprenderam a ser eficientes, trabalhar com times menores, ter uma cultura forte, colocar as pessoas nos lugares certos, dar ênfase para a liderança, trabalhar com um modelo de gestão por indicadores, com processos bem-estruturados, tecnologia para fazer mais com menos, gerando eficiência e crescimento. Isto é, tudo o que vimos até agora. E isso vale para qualquer tamanho de empresa: das menores às maiores. Das que estão no começo às que estão consolidadas. Independentemente de qual seja a sua área, o seu tamanho, a sua estrutura ou o seu estágio, o que você aprendeu aqui é aplicável.

Mas como sei que nem sempre a vontade é o nosso maior obstáculo, quero contar sobre um recorte da minha jornada para que você entenda como pode usar a sua mente a seu favor.

UMA QUESTÃO DE TREINO

Wim Hof, conhecido como The Iceman, criou um método de imersão no gelo em meados dos anos 2000 que mudou a minha vida. Para quem não conhece a técnica de imersão em uma banheira de gelo, a proposta é gerar recuperação muscular, redução de dor e de inflamação, melhoria na circulação sanguínea e relaxamento e bem-estar após a prática. Hof, pioneiro nessa modalidade, chegou a entrar para o *Guinness Book* por ter passado 1 hora e 52 minutos imerso em gelo.[31]

---

[31] RISSATO, L. Moda entre famosos, imersão em banheira de gelo conquista adeptos. **O Globo**, 9 mar. 2024. Disponível em: https://oglobo.globo.com/ela/noticia/2024/03/09/moda-entre-famosos-imersao-em-banheira-de-gelo-conquista-adeptos.ghtml. Acesso em: 10 jun. 2024.

TIMING FAZ DIFERENÇA, MAS A MANEIRA COMO TRABALHAMOS E AS DECISÕES QUE TOMAMOS TAMBÉM FAZEM.

@marcelotoledo

No meu caso, conheci a técnica e comecei a praticar em 2022, mas só passei a acompanhar com mais força no início de 2024. Olhava com mais frequência quem fazia gelo todos os dias e achava aquilo muito interessante. Nesse período, uma das pessoas que mais me impressionou foi Jordan Ferrone, embaixador da Coldture Wellness e morador de Winnipeg, no Canadá.[32] Em vídeos, ele consistentemente entra em uma banheira de gelo com temperaturas entre 5 ºC e –15 ºC ou –20 ºC. Faz isso durante o verão, o inverno, na neve ou em temperaturas mais amenas – e assim tem sido por mais de quinhentos dias.

Quando vi a história dele e me aprofundei mais no assunto, percebi quão difícil era, mas quanto mais estudava, mais via a quantidade de benefícios que o gelo poderia trazer. Foi nesse momento que o meu mentor de criação de conteúdo, Henrique Armelin, trouxe uma provocação: "Toledo, por que você não começa a produzir conteúdo dentro da banheira de gelo?". Gostei da ideia, testei e decidi que faria disso uma meta para ser seguida por trezentos dias durante 2024. Hoje, enquanto escrevo este capítulo, estou no dia 139 fazendo gelo. Mas o que tudo isso tem a ver com o que estamos falando aqui?

O gelo é uma prática que traz muitos benefícios à saúde, mas existe algo que acontece todas as vezes, não muda nunca, que é a dor. Todas as vezes que entro na banheira de gelo, dói. E muito. Isso acontece porque ativamos uma parte de nosso sistema simpático que é responsável por cuidar dos mecanismos de luta ou fuga em momentos de estresse. Ao entrar no gelo, o nosso corpo libera

---

[32] JORDAN Ferrone (Canadá). Instagram: jordan.ferrone. Disponível em: https://www.instagram.com/jordan.ferrone/. Acesso em: 10 jun. 2024.

530% a mais de noradrenalina do que está acostumado, e isso é responsável por acordar o corpo para que ele possa lutar ou fugir, mas também libera dopamina em 250%. A dopamina é um neurotransmissor que desempenha um papel crucial na regulação de prazer, recompensa e motivação, influenciando o humor, o sono e o aprendizado.[33]

Porém, quando nunca entramos em um estado de estresse tão grande, a sensação que temos é de morte. É como se o seu corpo estivesse gritando para você: "Preciso de ajuda, estou sendo atacado. Me tire daqui senão eu vou morrer!". É um barulho tão grande dentro da mente que é preciso muita disciplina para permanecer ali dentro. Mas, uma vez que começa a praticar todos os dias, apesar de a dor não passar, você se torna muito mais resiliente e mais forte do que antes.

Por fazer algo que você não quer, você está estimulando uma parte do seu cérebro chamada de córtex cingulado médio, uma descoberta feita pelo dr. Andrew D. Huberman, neurocientista americano, que comprovou que essa área do cérebro é responsável por nos ajudar a ter resiliência e a fazer aquilo que precisamos, mas não necessariamente queremos. Foi identificado que essa região se desenvolve à medida que realizamos aquilo que não queremos e se contrai à medida que deixamos de estimulá-la.[34]

---

[33] SRÁMEK, P. *et. al.* Human physiological responses to immersion into water of different temperatures. **European journal of applied physiology**, v. 81, n. 5, p. 436–442, 2000. Disponível em: https://pubmed.ncbi.nlm.nih.gov/10751106/. Acesso em: 12 jul. 2024.

[34] TOUROUTOGLOU, A. *et al.* The tenacious brain: how the anterior mid-cingulate contributes to achieving goals. **Cortex**, v. 123, p. 12–29, 2020. Disponível em: https://www.ncbi.nlm.nih.gov/pmc/articles/PMC7381101/. Acesso em: 25 jul. 2024.

Então aqui está a pegadinha: ao parar de fazer aquilo que é necessário, você deixa de estimular essa área do seu cérebro e será cada vez mais difícil ter resiliência para mudar e fazer diferente, ter atitudes que necessitam de mais disciplina e coragem para execução. É aqui que entram a banheira de gelo e a importância da prática para mim: todos os dias, ao acordar e decidir fazer gelo, estou estimulando o meu cérebro a fazer algo que me trará benefícios no longo prazo, mas que não necessariamente representa algo simples de ser realizado. É preciso coragem, disciplina e força de vontade. Estou estimulando o meu córtex cingulado médio para que ele se desenvolva e me deixe ainda mais mais corajoso, resiliente e disciplinado.

Trouxe a minha história com o gelo e tudo o que comentei até aqui para falar que a mudança é necessária, mas ela não é fácil. Não quero que você faça gelo. Mas quero que decida mudar, independentemente de qual seja a situação atual da sua empresa ou daquela em que é líder. Esse ímpeto para fazer diferença não nasce do dia para a noite, não acontece de uma hora para outra. No meu caso, comecei bem cedo quando era atleta e precisava me desafiar diariamente para poder competir. Percebi que, em vez de passar de ano tirando nota seis, eu queria tirar nota dez. E carreguei essa lógica para tudo o que eu faço.

Sei que é difícil. Todas as etapas que vimos podem representar o difícil passo a ser dado em direção ao novo, mas garanto que valerá a pena, porque você tomará a decisão certa, mesmo que seja a mais difícil de ser executada. O segredo para se manter disciplinado, ativo e realizado é treinar fazer algo que não lhe é confortável, para mostrar ao seu corpo e à sua mente que você é um executor.

Foi a partir do gelo que comecei a enxergar os problemas de maneira diferente. Passei a ser mais positivo, otimista, a me desenvolver, buscar crescimento para que pudesse sempre estar em um processo de autoconhecimento. E tudo isso é treino. Eu entro na banheira de gelo porque ela me ajuda a me preparar para os desafios, assim como qualquer pessoa ou líder precisa viver e se superar também. Ela me ajuda a ter autorreflexão sobre as desculpas que dou para mim mesmo – algo que acontece o tempo inteiro e com todos nós. A banheira de gelo me desenvolve como pessoa, me faz estar mais familiarizado com a dor. Quando começamos a refletir sobre esses atributos que precisamos ter e sobre as desculpas que damos para nós a todo momento para não fazer o que deve ser feito, percebemos que temos de treinar a nossa mente para estarmos preparados para tudo.

Precisamos separar a dor que nos faz mal da dor que nos faz bem. Muitas vezes, misturamos esses universos. Mas se tudo o que vimos até aqui pode colocar você em um caminho que o levará a uma liderança mais humanizada e com resultados, por que não aplicar?

PLANEJADOR E EXECUTOR

Sempre que planejo algo que quero aplicar em minha vida, utilizo uma estratégia na qual tento me dividir em dois Marcelos: o primeiro, aquele que planeja, pensa no que é necessário fazer, traça um caminho e define uma organização do que será feito; o segundo, aquele que executa, coloca o plano em ação sem questionar e sem dar espaço para as desculpas do meu cérebro. É o que eu gosto de chamar de obediência extrema.

Parece um tanto estranho imaginar dividir-se em duas pessoas para conseguir atingir um objetivo, mas isso tem dado muito certo comigo pelo simples fato de que, ao separar a minha mente em duas esferas, deixo as tarefas específicas para que cada uma dessas partes organize e faça o que é necessário. Se deixar que o Marcelo executor faça o planejamento, ele arrumará desculpas para não fazer. Por outro lado, se deixar o Marcelo planejador com a parte da execução, ele não terá a força necessária para sair da inércia e agir. Para mim, a visão e o planejamento são fáceis. Depois, o que preciso é alinhar os meus objetivos com os hábitos que preciso ter. Enquanto o planejador é o pensador, o executor é cumpridor de objetivos. Essa prática é o que me permite sempre ter progresso e seguir com os meus objetivos.

Quero que você carregue isso com você a partir de agora. Escolhi oferecer essa ideia aqui para mostrar que você precisa encontrar uma maneira de separar o seu planejador e o seu executor para que não desista no meio do caminho. Somos incongruentes quando definimos um objetivo, apontamos para o lado que queremos remar e não fazemos o que é necessário para chegar lá. Muitas vezes, agimos assim porque não gostamos do processo, porque é dolorido, não nos apaixonamos pelo que estamos fazendo. E então continuamos vivendo as mesmas coisas, com os mesmos resultados, sem avançar e conquistar o que desejamos.

Uma das coisas mais importantes que aprendi na vida é que temos de abrir portas para progredirmos. Muitas vezes, contudo, olhamos essas portas do lado de fora e ficamos tentando buscar uma maçaneta que não existe. A realidade é que a porta mais importante que precisa ser aberta é a porta de dentro. Aquela que existe dentro de nós. Isso significa que precisamos entender sobre pessoas, sobre nós mesmos, para que possamos compreender o nosso funcionamento e modo de operar.

Em resumo, a pergunta que fica é: se o nosso cérebro é tão inteligente e encontra maneiras de nos enganar o tempo todo para que sempre estejamos caminhando por atalhos mais fáceis que não trazem resultados, o que precisamos fazer para mudar esse jogo e não nos deixar enganar? A ferramenta que comentei antes é uma delas, mas você poderá encontrar outras respostas dentro de você.

Durante toda a leitura, não economizei palavras, muito menos o que eu sei, para que a mudança fosse completa. Mas nada disso adiantará se você não decidir tomar as decisões certas e aplicar o que aprendeu aqui. Quando comprou este livro, você estava motivado o suficiente para mudar a sua vida e a sua empresa. Estudou, leu todos os capítulos, aprendeu, mas é bem provável que neste exato momento esteja criando desculpas para não aplicar o que vimos. Você será ótimo em criar as suas próprias desculpas, quaisquer que sejam, porque sabe que a zona de conforto é um lugar bom de se estar. Só que fazer o que você sempre fez vai continuar entregando a você o resultado que sempre teve. Por isso, sempre digo que o maior obstáculo na vida das pessoas são elas mesmas.

Não deixe que a sua mente derrube você. Lembre-se do motivo pelo qual comprou o livro e mantenha-se disciplinado para aplicar o que aprendeu. Muitas vezes, para o líder sair do operacional e ir para o tático e estratégico, ele precisa pagar o preço. Isso significa ter processos, sistemas, tecnologia, cultura e pessoas. É aqui que você terá o resultado e a qualidade de vida e carreira que está buscando em sua equipe e empresa.

Então não dá mais para adiar, mudar é preciso. E você só tem uma escolha: seguir em frente.

PRECISAMOS SEPARAR
A DOR QUE NOS
FAZ MAL DA DOR QUE
NOS FAZ BEM.

@marcelotoledo

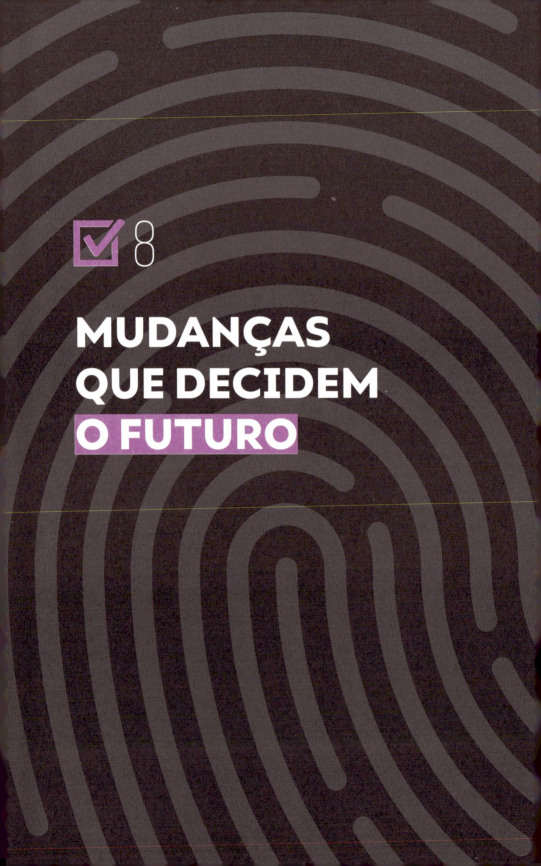

8

MUDANÇAS QUE DECIDEM O FUTURO

Talvez você esteja sentindo que falamos sobre muitos conceitos e informações diferentes, e realmente não posso negar: passamos por muitas ideias, ferramentas, contextos, histórias, aplicações e possibilidades de mudança. Aqui, contei a minha carreira, depois a jornada empreendedora e empresas que vi fazerem diferente e darem certo. Deixei exercícios, reflexões e trouxe o que existe de mais atualizado para a liderança e construção de resultados em uma organização. Além de tudo isso, falei com o coração. Escrevi como alguém que já foi líder, que sabe o que é viver na pele os desafios de estar na liderança, conduzir pessoas em direção ao desenvolvimento e buscar resultados.

Justamente por esse motivo, sei que pode parecer sobrecarga de informações chegar até aqui com tudo o que vimos, sem nem saber por onde começar. Nesse quesito, precisamos dar um passo por vez. Não tenho como saber exatamente qual é a sua situação a partir do meu ponto de vista, mas afirmo que quando decidimos fazer uma mudança na organização de uma empresa, temos de lembrar que sempre estamos mudando a *cultura*. E a mudança de cultura passa por *pessoas*, o que, por sua vez, envolve novos *modelos de gestão*. Ou seja, para um lado ou outro, você poderá – e precisará – ajustar as arestas sobre o que ensinei para ver efetivamente resultados. É indispensável olhar para cultura, pessoas e modelo de gestão quando queremos construir algo maior, ser uma liderança maior.

Em muitos momentos, bati na tecla de que a complexidade de uma organização se dá pela quantidade de *pessoas* que estão trabalhando ali dentro. Em tantos outros, falei de como é impossível cuidar do crescimento de um negócio sem cuidar de *pessoas*. *People first*! Foi por isso que escolhi este como o título do livro. Ele representa muito o projeto. Se estamos falando tanto de pessoas, por que não olhar para a liderança e confiar que estamos colocando essa camada no caminho certo para que todas as outras, hierarquicamente abaixo delas, também estejam? Esse foi o meu foco ao longo de todas as páginas, e espero ter cumprido o meu propósito.

Se existem pessoas perto de você que são resistentes à mudança, isso significa que é preciso parar e resolver. A decisão é sua, líder. Você até pode aguardar uma mudança de comportamento, entretanto, se as pessoas são importantes, mas não estão nos ajudando no processo de construção de cultura, elas estão atrapalhando. Quem não joga ao seu lado está jogando contra você. Além disso, existe o outro lado da moeda, é claro. Se falei sobre a importância de olhar para as pessoas que não estão jogando ao seu lado, preciso também comentar quando a liderança está mal colocada.

Falamos anteriormente que os cargos de liderança costumam representar 14% de uma empresa. É um percentual pequeno, mas com um impacto enorme. Por isso, é importante considerar que, se queremos transformar uma companhia, precisamos nos concentrar nessa camada. Devemos fazer isso sempre de cima para baixo, até porque não lavamos escada de baixo para cima, assim como falei na introdução. Outra maneira simples de entender por qual motivo é importante cuidarmos da liderança é imaginar um galho com diversas ramificações. O galho superior, que está lá no alto, é um cargo de liderança, um C-level, por exemplo. Se essa pessoa é a errada para aquela função, muito provavelmente todas as camadas inferiores também serão, porque receberão o tempo inteiro coordenadas incorretas. Assim, cuidar da liderança é cuidar da parte mais importante que gera inúmeras cascatas de consequências para o restante do negócio.

Sei que o processo de transformação cultural não é fácil. Ele pode ser desafiador. Mas é preciso parar e resolver os problemas que aparecerem. E isso acontece quando você dá um passo de cada vez, assim como comentei no início deste capítulo. É possível que o líder tome uma atitude e algo apareça no meio do caminho, é normal, os desafios fazem parte do processo. Se isso acontecer, pare, resolva a questão e faça o que deve ser feito. Com calma. Você precisa de velocidade, mas sem afobação, sem tropeçar e cair no chão. Quero que aprenda que, nos primeiros movimentos, você encontrará obstáculos, mas tem de resolvê-los. E, à medida que for avançando, os obstáculos se espaçarão cada vez mais. Esse é um excelente sinal para que você acelere mais. O que queremos evitar, contudo, é viver em uma montanha-russa de problemas sem progresso. Isso, sim, é ruim.

Percebo que muitos líderes também falam de utilizar o feeling para tomar decisões. Na introdução, quando contei a história do colaborador que precisou sair duas vezes para ficar em reabilitação por uso de drogas, utilizei o feeling para tomar a decisão de dizer "sim" para que ele voltasse a trabalhar conosco. Feeling não é ruim, muito pelo contrário. É ótimo, principalmente se você busca autoconhecimento e autoaprimoramento. Se você medita e respira a partir de técnicas de ioga, assim como faço, você tem uma intuição forte. E isso é bom, mas pode ser ruim se utilizado de modo isolado. Empresas maduras colocam fatos e dados à frente das decisões, mas também utilizam a intuição como auxiliador da jornada. São pontos complementares, jamais excludentes.

Além disso, se pudesse deixar um último conselho, seria: você, líder, deve colocar o time na mesma página que você. Temos mania de construir visões em nossa mente e não as passarmos adiante porque achamos que as pessoas não estão preparadas para escutá-las, mas isso não é verdade. Falar a verdade e passá-la adiante faz parte do treinamento e desenvolvimento de quem está ao seu lado. Então seja transparente. Se as pessoas não estão preparadas para escutar a sua visão, essa é uma deficiência sua. É seu trabalho prepará-las para ouvir o que você precisa falar. Afinal, para que todos estejam colocando esforços na mesma direção, temos de estar com uma visão alinhada e vetores que indicam o mesmo caminho. Se existe uma parte da empresa apontando para o lado certo e uma parte para o lado errado, o resultado dos nossos esforços será muito menor. Isso é matemática simples.

> Por isso, dar clareza para o time, especialmente àqueles que estão mais próximos do líder, é fazer com que entendam o momento e adequem o comportamento para que sigam na mesma direção. É uma relação ganha-ganha-ganha. O líder ganha porque está com um time alinhado, a empresa ganha porque tem mais probabilidades de superar os resultados, e o colaborador ganha porque estará mais perto do crescimento da própria carreira. Evita desmotivação e reforça colaboração.

Um dos principais papéis do líder é dar contexto para as pessoas. Ao fazer isso, ele proporcionará desenvolvimento, aprimoramento e chance de escalada para outros cargos e possibilidades. É função do líder preparar os liderados para oportunidades de crescimento na carreira. E eles não precisam estar 100% prontos quando o momento chegar, até porque isso é impossível, jamais estamos completamente prontos, mas impulsionar essas pessoas é também impulsionar o próprio crescimento e o da empresa. Quando um cresce, todos evoluem.

Em suma, posso afirmar que, nos últimos cinco anos, conheci empresários de indústrias e nichos diferentes com muita intensidade. De todas as áreas, tipos, perfis e estilos. De cidades, estados, países e continentes diferentes. E a partir disso entendi que existe um padrão: as empresas, na grandissíssima maioria, precisam exatamente de tudo o que apresentei nos capítulos anteriores. Desde startups até empresas de serviços manuais, indústrias, conglomerados, multinacionais etc. Tive a oportunidade de conversar com centenas de pessoas em todos os segmentos, e os problemas são sempre os mesmos, bem como as soluções passam por tudo o que você viu. Tentei, portanto, simplificar essa jornada em três passos simples e aplicáveis para facilitar o seu progresso. A metodologia é simples para que você possa avançar. Primeiro, temos cultura. Depois, pessoas. Por fim, modelos de gestão. E cada um deles está conectado ao outro de modos diferentes e inseparáveis.

É claro que existem muitas coisas que precisarão ser feitas depois disso. O nome disso é refinamento. Mas o básico está aqui! Esse básico, inclusive, que percebo que muitos empresários deixam de fazer. Pecam no famoso "feijão com arroz", o básico bem-feito. Então siga as etapas. Entenda o seu universo, o que precisa ser feito e aplique. Comece com um passo de cada vez e não tenha pressa, pois é um momento de aprendizado e mudança.

Quero fechar esta obra com uma frase de que gosto muito e coroa muito bem toda a nossa jornada, além de trazer algo que move o meu coração. Frederick Matthias Alexander, renomado ator australiano e criador de uma técnica educacional chamada Alexander, diz que "as pessoas não decidem seu futuro, elas decidem seus hábitos, e seus hábitos decidem seu futuro".[35]

O que você está fazendo de diferente para definir o seu futuro? O que pode mudar a partir de agora? Quais hábitos incluirá e tirará para que atinja os seus objetivos como líder? Uma boa liderança, que se move pelo conceito *people first*, preocupa-se com isso. Mude o que for necessário.

Obrigado por estar comigo nesta jornada, e espero que você tenha aproveitado cada página do mesmo modo que eu. Seja um líder estratégico, tenha um time engajado e conquiste resultados exponenciais. O passo a passo você já tem, basta aplicar.

---

[35] KEPLER, J. Seus pensamentos e hábitos definem seu futuro. **Gazeta do Povo**, 11 jun. 2020. Disponível em: https://www.gazetadopovo.com.br/vozes/nova-economia-com-joao-kepler/seus-pensamentos-e-habitos-definem-seu-futuro/. Acesso em: 18 jun. 2022.

QUANDO UM CRESCE, TODOS EVOLUEM.

@marcelotoledo

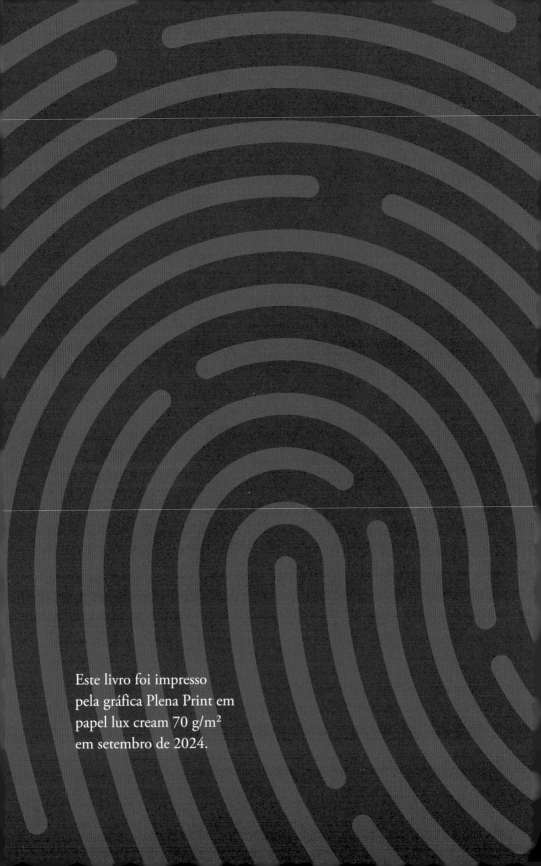

Este livro foi impresso
pela gráfica Plena Print em
papel lux cream 70 g/m²
em setembro de 2024.